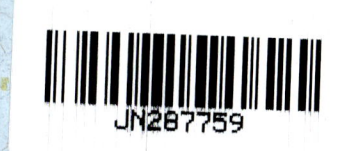

『写真でみる生命科学』付属 CDROM と使い方

本書には，CDROM（1 枚）が付いています．詳しい動作環境については，本書 154 ページをご参照ください．

この CDROM には，本書の本文中に掲載された写真・画像がすべて収録されています．表示形式は html 形式です．一覧表示ができるので，どの章にどんな写真・画像があるかをまとめて見ることができ，また，本書の写真・画像にある写真番号を入力すれば，見たい写真を表示することができます．パソコンやプロジェクターでの使用も可能です．ぜひご活用ください．

（写真・画像は著作権法で保護されておりますので、個人使用目的以外での使用については、東京大学出版会までお問い合わせいただきますようお願い申し上げます。）

東京大学出版会編集部

Overview of Life Science

写真でみる生命科学

東京大学生命科学構造化センター 編

東京大学出版会

Overview of Life Science
Edited by
Center for Structuring Life Sciences, Graduate School of Arts and Sciences, The University of Tokyo

University of Tokyo Press, 2008
ISBN978-4-13-066159-1

緒　言

東京大学では，教養学部前期課程生物部会，生命科学構造化センターや生命科学教育支援ネットワークといった組織を中心に，生命科学教育の改革に取り組んでいる．その成果の一例として，理工系進学が中心の学生にも生命科学の講義を必修化し，一方で，学ぶレベルに応じた「生命科学」，「理系総合のための生命科学」，「文系のための生命科学」という教科書三部作を作成した．これらの教科書を通じ，21 世紀の生命科学の時代に，生命科学を含む広い学問分野を包括的に学ぶとともに，誰もが知識として身につけるべき生命科学の基本を俯瞰していただければ幸いである．

本書「写真でみる生命科学」は，このような東京大学の生命科学教育改革の一環として誕生したものである．生命科学を学ぶ者，特に初学者が抱える大きな壁として，実物を見たことがない，もしくは見ることができないために，説明を読んでも理解できないということがある．実際，先ほどの教科書だけで，動きのある生命科学の深い内容を自習し，そのすべてを理解するのは，なかなか困難であろう．そこで本書においては，写真でなければわからない生物の姿，細胞内小器官，細胞分裂や発生などの動的な姿，生命科学に貢献した人物などをまとめ，分類した．それぞれの画像には簡単な説明がついており，理解が進むように工夫されている．

本書の画像を通じて，生命が実に多様な形態や生活様式をとること，美しく精緻な構造を持つこと，絶えず動的に変化していくことなどの特徴が伝わってくることだろう．百聞は一見に如かずというが，これらの画像はどんな百万言よりも強い説得力を持って，私たちに語りかけてくるものである．本書を通じて,生命科学の発展の道のりに心を馳せていただきたい．

本書の編集は，東京大学・生命科学構造化センターの関係者によって行われた．当センターでは，教科書編集以外にも，補助教材としてインターネットを利用した e-ラーニング自習教材や，生命科学自習用の講義形式 DVD の作成等を行っている．本写真集が，生命科学を学ぶ際の補助教材として，教育関係者をはじめ，広く生命科学を学ぶ方々に利用されるとともに，本書によって多くの人が生命科学の神秘に触れ，生命科学を深く学ぶきっかけを得ることになれば，望外の極みである．

2008 年初夏

編集代表　石浦章一

目 次

第 1 章
系統・分類

現在，地球上には 300 万種以上の生物が生きているといわれている．紀元前，アリストテレスによって生物の分類体系が示されて以来，様々な分類法が模索されてきた．そして近代分類学の祖ともいえるリンネによって二名法が定められると，現在の階層的な分類体系の原型ができあがった．近年の分類学では，これまでの形態学的な手法に加えて，生化学的，分子生物学的な手法も導入され，分類体系のあり方に関する議論が今なお活発に行われている．そこで本章では基本的に Margulis and Schwartz（1982）による分類法を元に，生物を「モネラ界」「原生動物界」「菌界」「動物界」「植物界」の五つに分類した（五界説）．もちろん，上記の本が出版された後も，より多くの知見が蓄積し，新たな分類法が提唱されてきている．ただし，生物界全体にわたって体系的に分類を行っているという点で優れているため，あえて参考にした．また，生物とはいい切れないウイルスを，章末に掲載した．

生物学を学んでゆく上で，普遍性と多様性の両方を常にバランスよく意識し続けていく必要がある．この章ではこの多様性を実感していただきたいと思う．

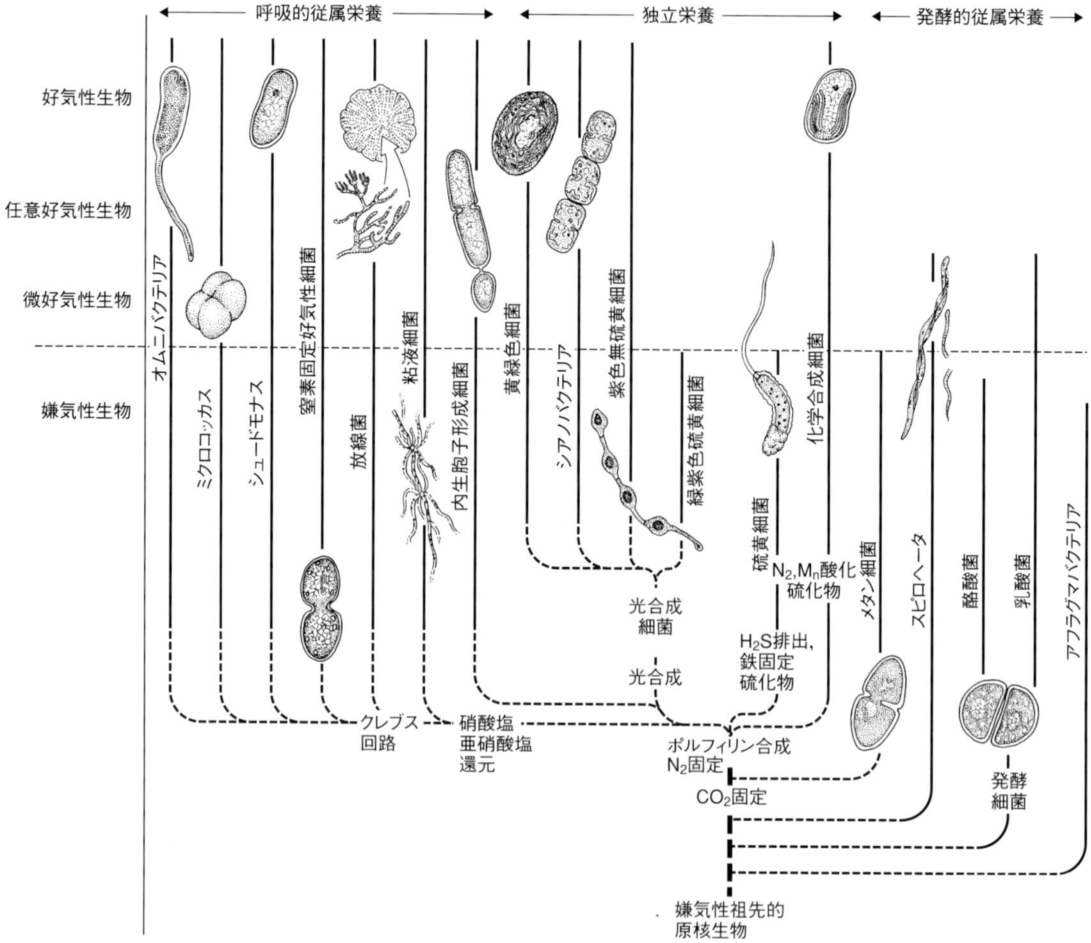

モネラ界

モネラ界はバクテリアなどの原核生物からなる．原核生物は基本的には単細胞生物である．原核細胞は真核細胞に比べて細胞内の構造が単純で小さく，ミトコンドリアや葉緑体などの細胞内小器官を持っていない．また，核膜を持たず，ゲノムDNAが染色体の形をとっていない．電子顕微鏡写真ではゲノムDNAは核様体と呼ばれる明るい領域として観察される．なお，シアノバクテリアは過去には藍藻植物と呼ばれてきたが，植物界の生物と細胞内の構造や分裂様式大きく異なっており，またバクテリア的性格を持つことからモネラ界にまとめられている．

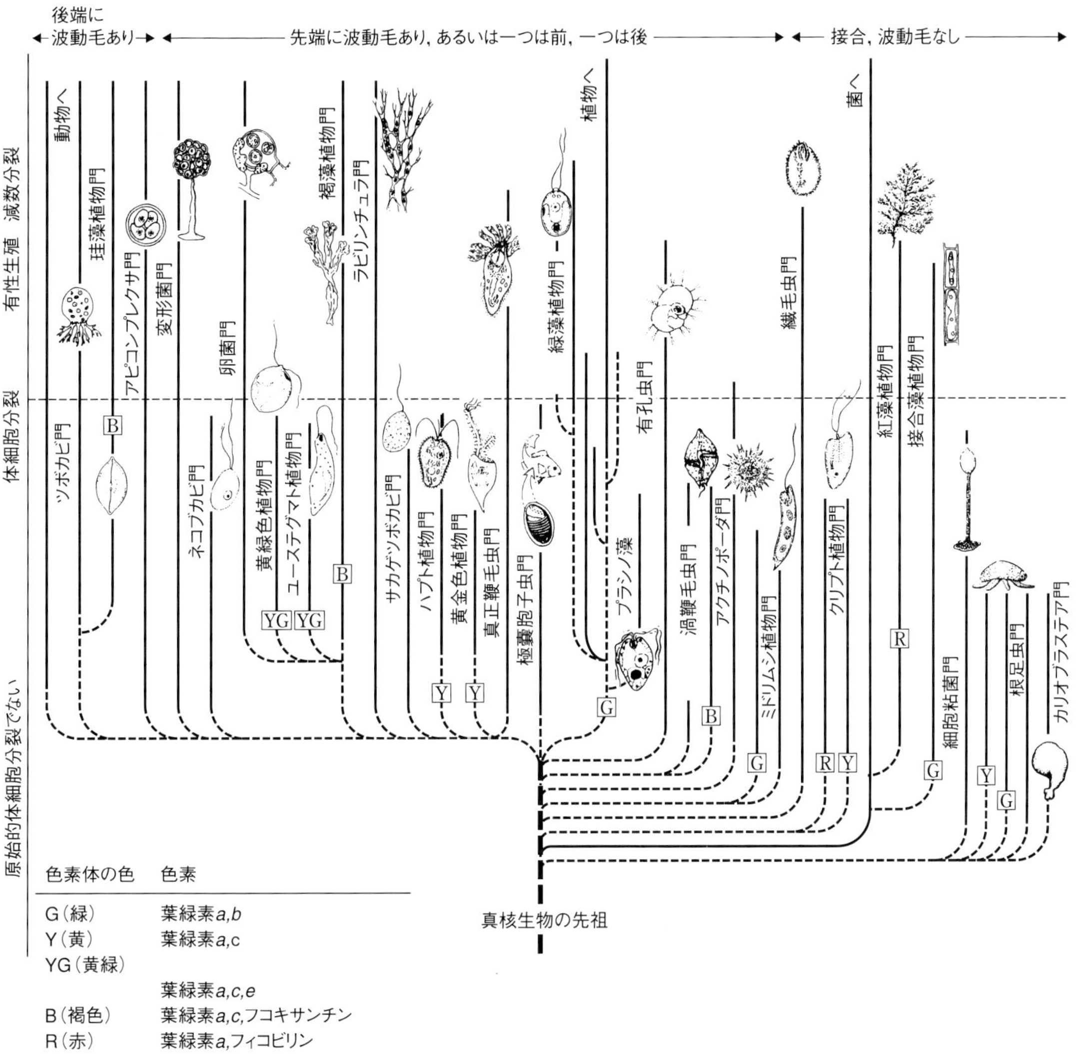

原生生物界

原生生物界に属する生物は，動物でもなく，植物でもなく，菌でもなく，原核生物でもない真核生物である．従来は真核の単細胞生物のみを原生生物とされてきたが，ホイッタカーやマーギュリスらによって真核多細胞生物を含めた再定義がなされた．原生生物界の学名は Protista（プロティスタ）とされてきたが，この再定義によって真核多細胞生物を含めた分類では学名を Protoctista（プロトクティスタ）とされた．

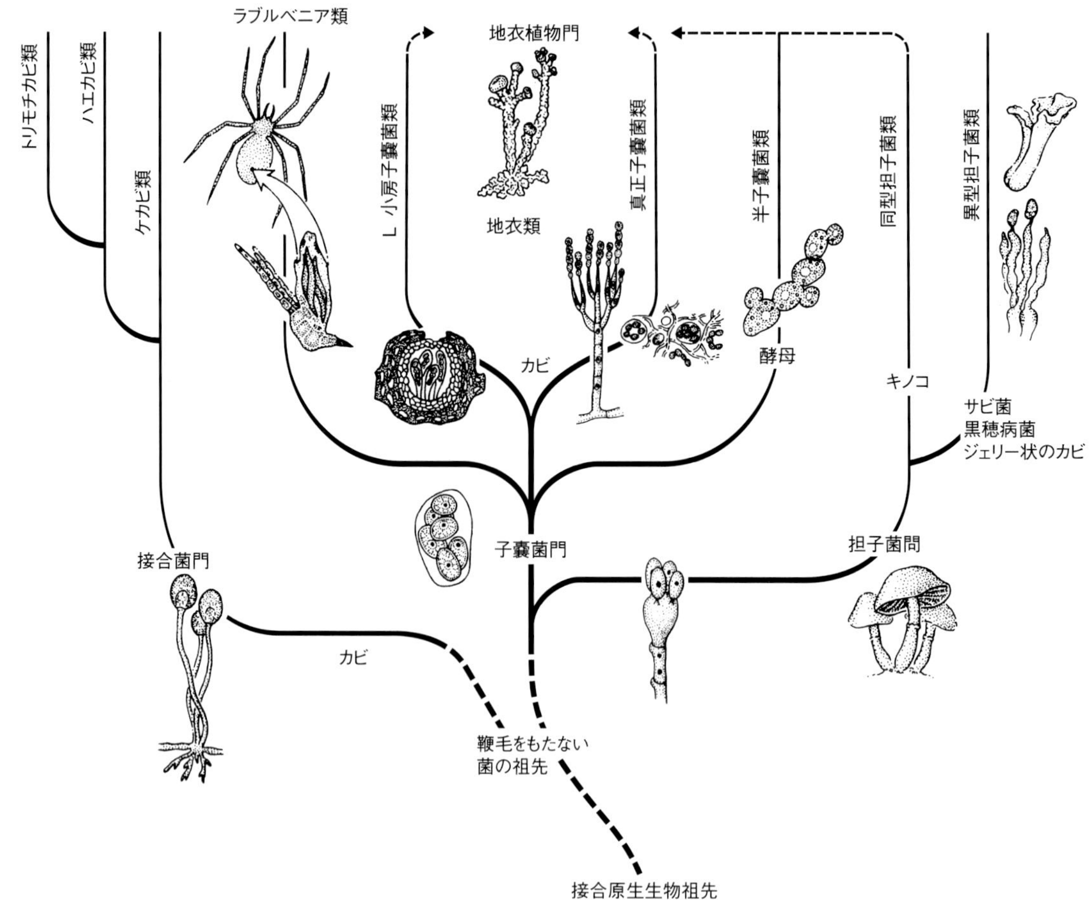

菌　界

菌界に属する生物は胞子を形成し，生活史のどの時期でも鞭毛が形成されない（波動毛を欠く）真核生物である．一般にはキノコ・カビ・酵母などが含まれ生態系の中では分解者の地位を占める．菌は接合によって有性生殖を行う．この仲間の中には単独で生活する酵母菌と菌が集まって一定の構造を形成するものがある．菌の胞子は発芽して菌糸を作る．菌糸の固まりが菌糸体であり，栄養体である．通常私たちの肉眼で観察されるキノコやカビの固まりはこの菌糸体ではなく，そこから分化して成長した子実体や胞子の固まりである．

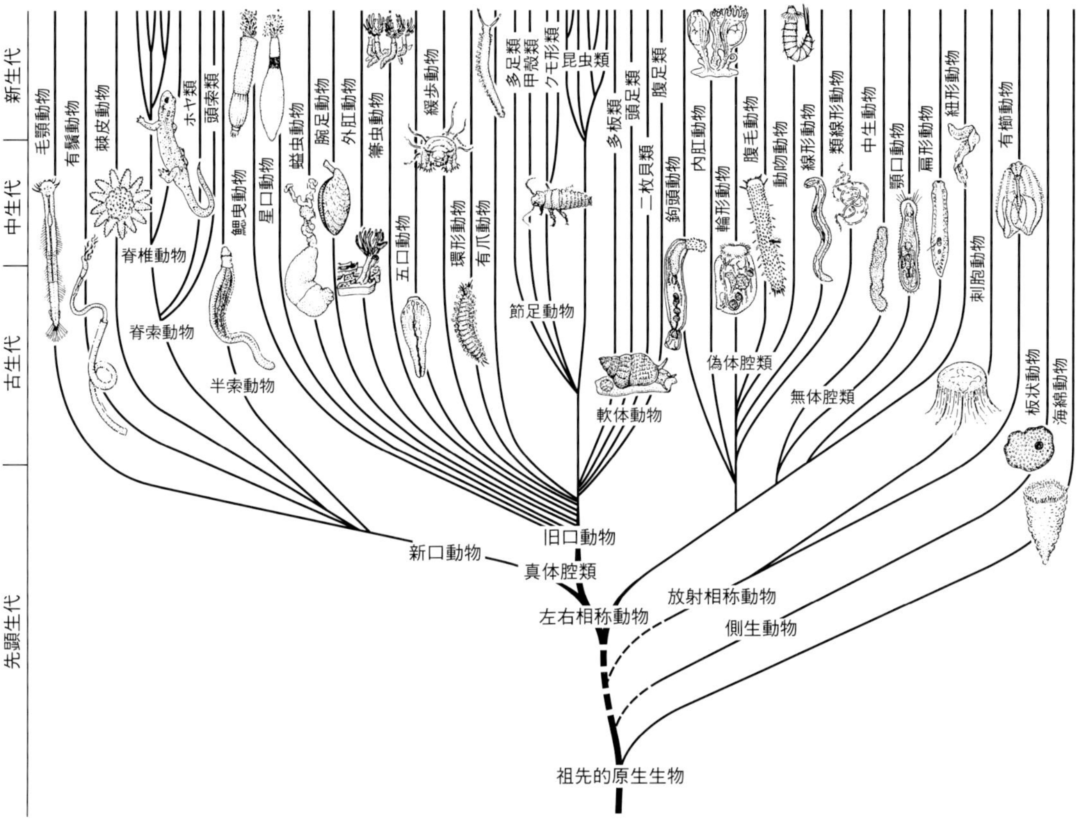

動物界

動物界に属する生物は真核生物のうち，多細胞で従属栄養的な，2種類の異なる半数性の配偶子である卵と精子の接合により発生する倍数体の生物である．ほとんどの動物では接合子（卵）が連続的に体細胞分裂することによって細胞数を増やし，中空のボール状の胞胚を形成する．

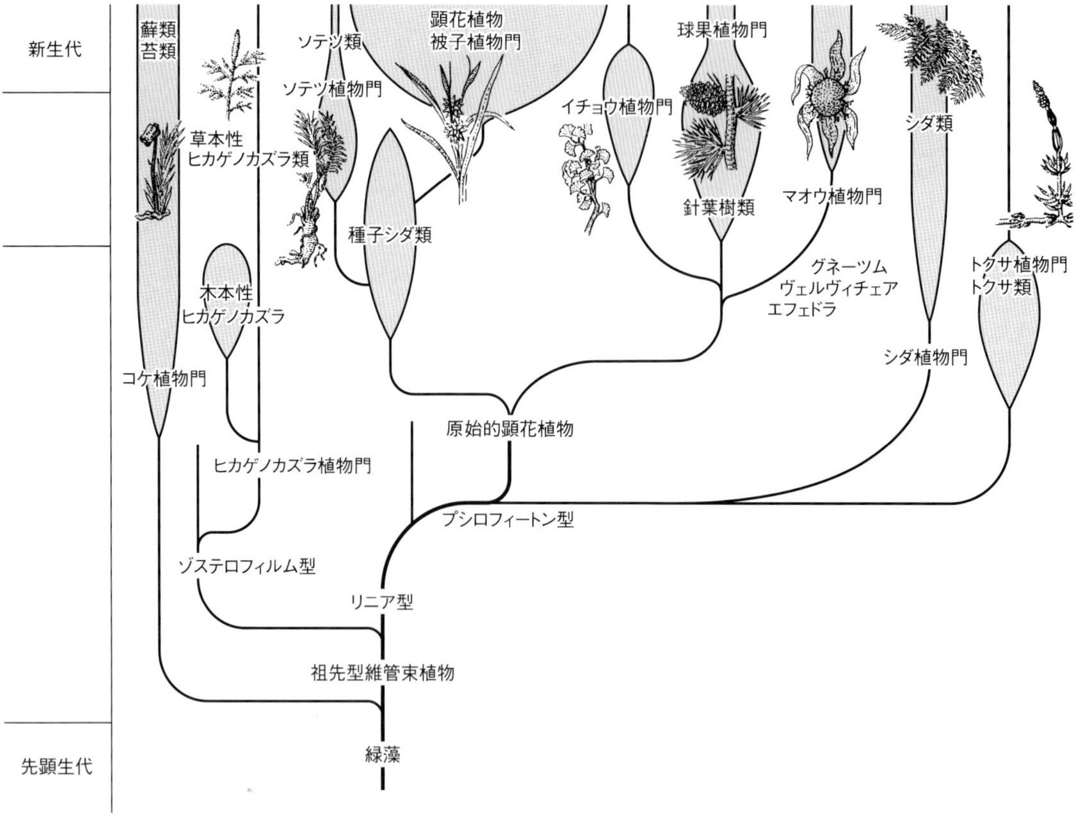

植物界

植物界の生物は多細胞で独立栄養的な，有性生殖を行う真核生物であり，樹木や草花など，私たちが普段目にする多くの生物が属している．細胞内に葉緑体を持つ．以前は広く光合成生物一般，すなわち藻類やシアノバクテリア，あるいは菌類までも植物と考えられてきたが，現在ではこれらは植物とは異なった系統に属するものとして扱われている．

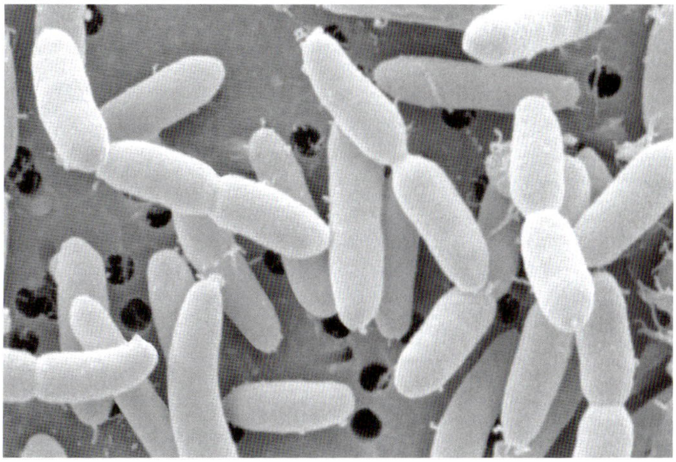

1.1.1

1.1.1 乳酸桿菌の一種

(*Lactobacillus acidophilus*)

発酵細菌門，乳酸細菌綱に属する．乳酸桿菌は長径約 2μm の嫌気性のグラム陽性細菌で，発酵により乳酸を産生する．また，食物由来の病原性細菌に対して，抗菌物質を産生することでも知られている．*acidophilus* 種は腸内菌叢に生きたまま存在する乳酸桿菌で，特にヨーロッパでは発酵乳やヨーグルトの作製に用いられている．この写真は，健康食品より単離培養した菌を走査型電子顕微鏡で撮影したもの．

1.1.2 肺炎球菌

Pneumococcus (*Streptococcus pneumoniae*)

発酵細菌門，ストレプトコッカス属の細菌の一種．肺炎双球菌とも呼ばれていた．肺炎球菌は鎖または一組で見られるグラム陽性細菌である．免疫力の低下した人において，彼らは肺および気管支に感染し，肺炎（pneumonia）を引き起こす．体のほかの部分に感染した場合には細菌性敗血症（菌血）と髄膜炎を引き起こす．形質転換の発見やその分子的実体が DNA であることの証明に用いられた．倍率約 400 倍．

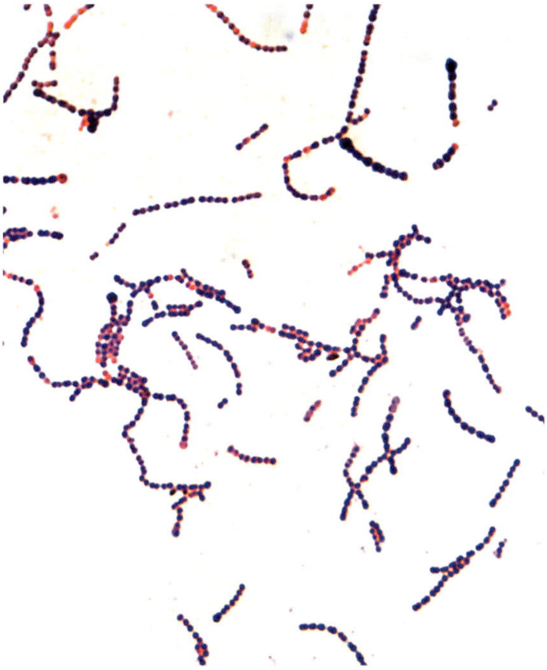

1.1.2

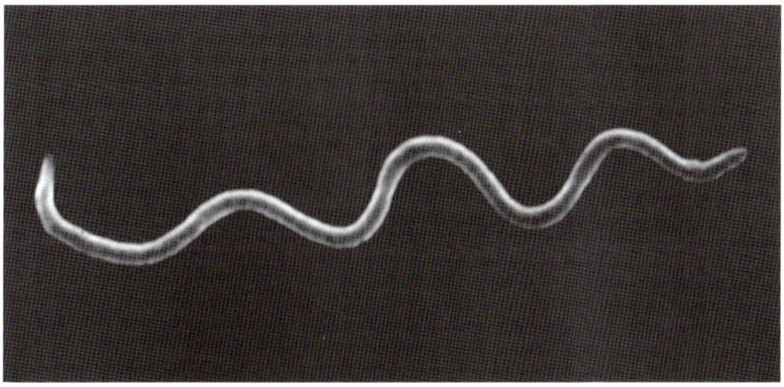

1.1.3

1.1.3 ボレリア菌

(*Borrelia burgdorferi*)

スピロヘータ門，スピロヘータ綱に属する．スピロヘータは螺旋状をしたグラム陰性菌で，菌体の外側に被膜構造を持つ．そして被膜構造と細胞壁の間に複数の内生鞭毛を持ち，その鞭毛が複雑な運動を可能にしている．ライム病はボレリア菌を保菌した Ixodes 属の数種のマダニに噛まれることにより感染する．その初期症状として，特徴的な「牛眼状発赤」と「遊走性紅斑」が挙げられ，それらに発熱，倦怠感，頭痛，筋肉痛，関節痛が伴う．治療を行わないと，慢性的な関節炎，睡眠障害，人格変化等も引き起こす．この写真は走査型電子顕微鏡で撮影したもの．

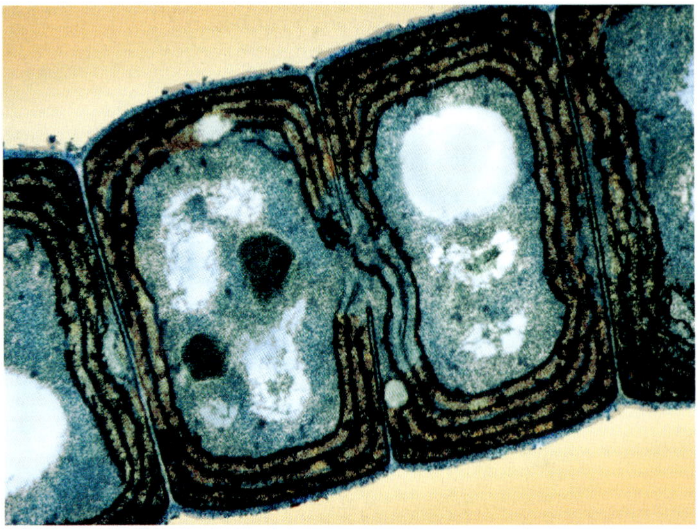

1.1.4

1.1.4 ユレモの一種

Blue-green Algae (*Oscillatoria* sp.)

シアノバクテリア門，藍藻綱に属する．日本各地に分布し，池沼や河川の下流など，やや汚れた水域に生育する．細胞が1列に連結して糸状の体ができている．構成している細胞はみな同じ形態を持っている．シアノバクテリアは藍藻とも呼ばれ，光合成を行っている．この写真は透過型電子顕微鏡で撮影したもの．

1.1.5 ネンジュモの一種

Cyanobacterium (*Nostoc* sp.)

シアノバクテリア門，糸状綱に属する．この種は土壌中や岩，植物の表面などでコロニーをなして生息する．シアノバクテリア類は単細胞原核生物で藻類というよりも細菌類に近い．ほかの光合成生物同様，クロロフィル *a* を持ったチラコイド膜を細胞内に有する．空中の窒素を固定でき，それ故土壌を富栄養状態にする働きを持つ．また様々な地衣類の共生相手にもなっている．非常に歴史が古く，先カンブリア時代（6億年以上前）には地球上に広く分布していたとされている．

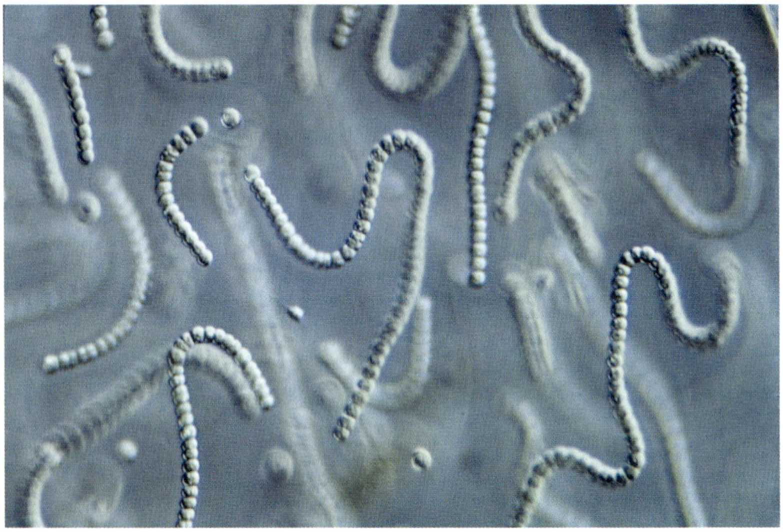

1.1.5

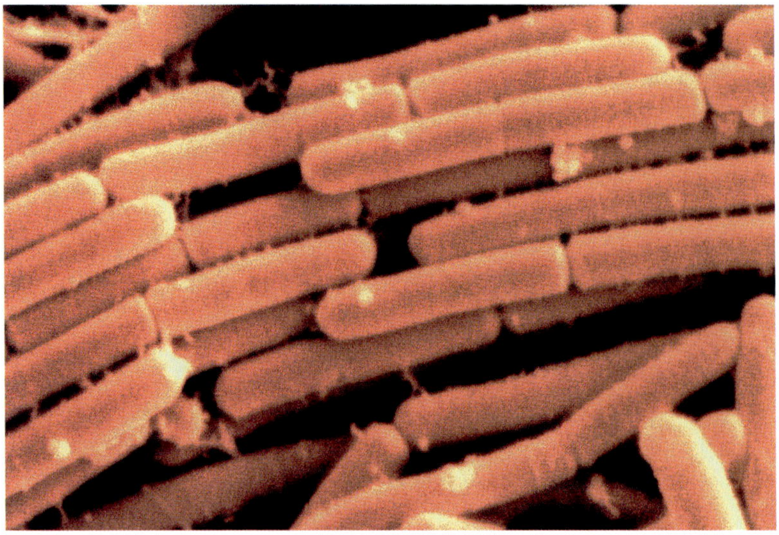

1.1.6

1.1.6 ナットウ菌

(*Bacillus subtilis var. natto*)

内生胞子形成細菌門に属する．枯草菌 *Bacillus subtilis* の変種．土壌や枯れた草などに広く分布している．桿状の形体を持ち，条件が成長に不適になると内生胞子（endospore）を生じる．この胞子は熱や放射線，乾燥に強い耐性を示し，長期にわたって水や栄養なしに生存できる．伝統的な方法では，煮沸してナットウ菌の胞子のみが生き残っている状態の稲藁で大豆を包んでナットウ菌を優占させることにより，納豆が作られる．この写真は走査型電子顕微鏡で撮影後，着色したもの．

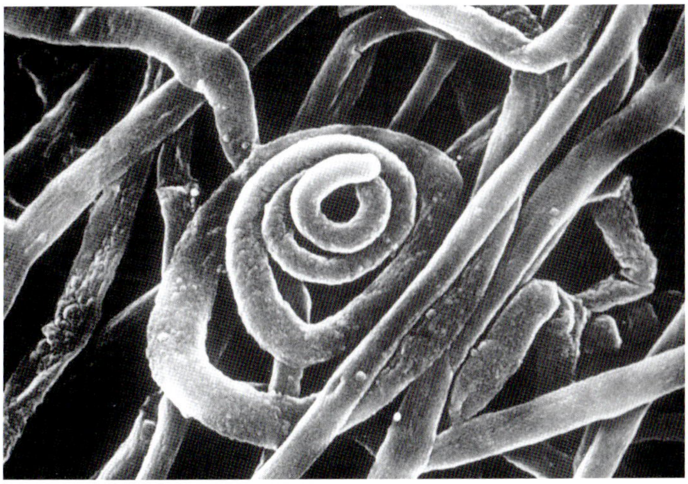

1.1.7

1.1.7 放線菌の一種

(*Streptomyces lividans*)

放線菌門，放線菌綱に属する．絶対好気性のグラム陽性細菌で，土壌中に生息する．抗生物質産生菌の大部分は放線菌で，*lividans* 種はアクチノロージン，ウンデシルプロディギオシン等を産生する．多くの放線菌と同様，菌糸を分枝させながら網の目のように発達させ，その先端にネックレス状に並んだ胞子を形成する．成熟した胞子嚢は破裂し，胞子は空気中を拡散する．この写真は胞子形成直前の菌糸がコイル状になったもの（直径約5μm）を，走査型電子顕微鏡で撮影したもの．

1.1.8 インゲン豆の根にできた根粒

根粒細菌（*Rhizobium leguminosarum*）は宿主であるマメ科の植物の根に侵入し，写真のような瘤を作る．根粒菌は窒素固定菌であり，根粒の中では大気中の窒素を使って窒素化合物を盛んに合成する．酸素濃度が高いとこの窒素固定反応は阻害されるが，根粒にはレグヘモグロビンという酸素に結合するタンパク質が存在し，これが酸素を運び出し，酸素濃度を下げている．

1.1.8

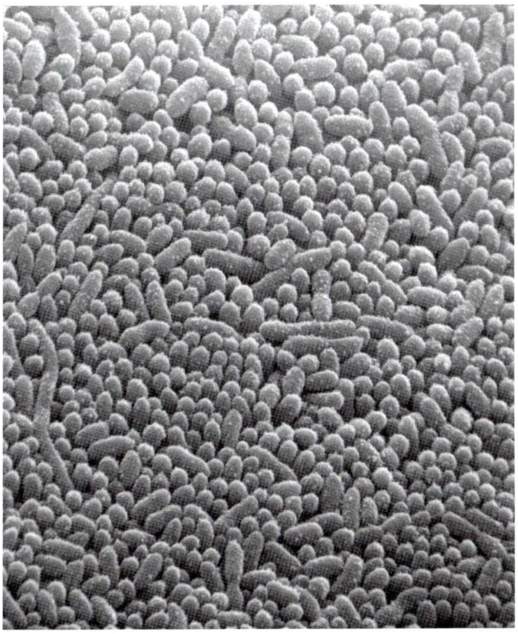

1.1.9

1.1.9 緑膿菌

(*Pseudomonas aeruginosa*)

シュードモナス門に属する．緑膿菌は長径約2μmの好気性グラム陰性細菌で，動植物の中ばかりでなく，土壌中，湿地，海水中にも常在する．この名前は，緑色の膿から単離されたことに由来する．日和見感染の原因の一つとされ，火傷などによる皮膚のバリアー機能の低下，免疫不全，長期の入院，嚢胞性線維症等により緑膿菌感染症を引き起こすリスクが高まるといわれている．この写真は走査型電子顕微鏡で撮影したもの．

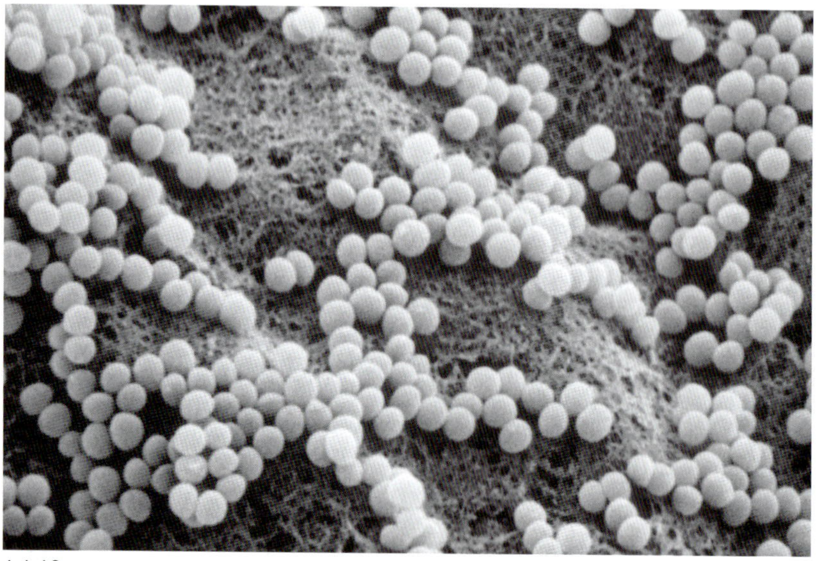
1.1.10

1.1.10 黄色ブドウ球菌

(*Staphylococcus aureus*)

ミクロコッカス門に属する．直径約1μmの通性嫌気性のグラム陽性球菌で，通常ブドウの房状のクラスターを形成する．健康な人間の皮膚や粘膜，特に口腔内や鼻腔内に存在する常在細菌である．毛穴や傷に入り込むことによって「おでき」の原因となる．また膿傷や急性の化膿性感染症の原因にもなる．抗生物質であるメチシリンやバンコマイシンに対する耐性を獲得した株はMRSA，VRSAと呼ばれ，しばしば院内感染等の原因菌ともなる．寒天上で培養した黄色ブドウ球菌を走査型電子顕微鏡で撮影したもの．

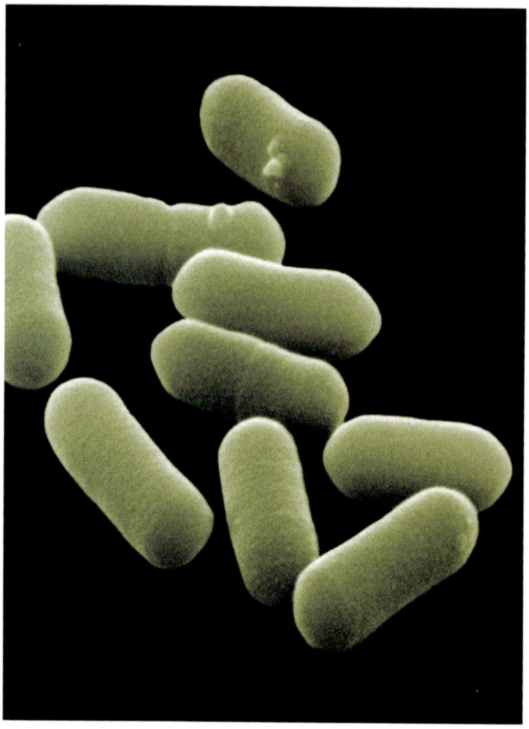
1.1.11

1.1.12

1.1.11 大腸菌

Colon bacillus（*Escherichia coli*）

オムニバクテリア門，エンテロバクテリア綱．グラム陰性の桿菌で鳥類や哺乳類の大腸に生息している．消化管以外の場所血液中などでは病原体となる．赤痢菌の毒素と同一のベロ毒素を生産する系統O157は食中毒を起こす．もっとも研究されている生物の一つで，生物学上重要なモデル動物である．また，遺伝子をベクターに組み込んで大腸菌内で増幅させたり，タンパク質を合成させるために利用される．この写真は走査型電子顕微鏡写真に着色したもの．

1.1.12 ストロマトライト

Stromatolite

シアノバクテリア類が繁殖する過程で泥などの堆積物を巻き込み，層状に成長していったもので，さしづめ「光合成をする岩のようなもの」である．化石となったものが世界中で見つかることから，かつては地球上をシアノバクテリア類がおおい，酸素を大量に供給していたことがうかがえる．この写真はオーストラリア西部，シャーク湾ハメリンプールのもので，現在もストロマトライトが成長している数少ない例である．

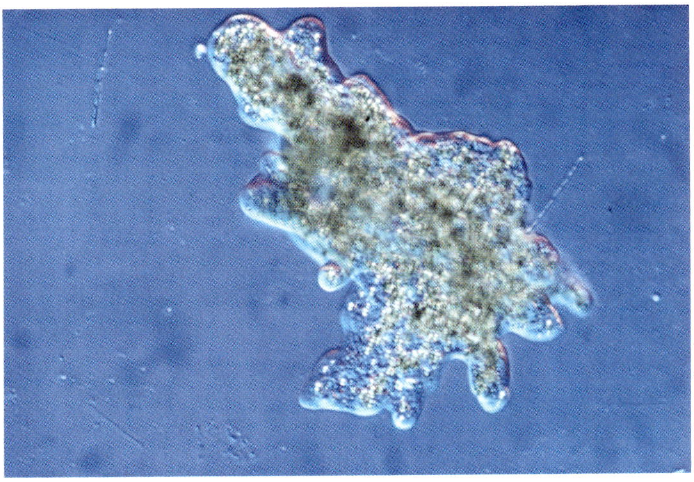

1.2.1

1.2.1 オオアメーバ

(*Amoeba proteus*)

根足虫門，ツブリナ綱に属する．球形時の大きさが直径100～150μmになる．通常，複偽足で手のひら状の外形をしているが，急速前進時にはしばしば棍棒状の単偽足型となる．移動するためには偽足を進行方向にのばし，それを付着させ，細胞体を引っ張ることによって先進する．細胞全体を変形させて食物（珪藻など）を囲い込み，食胞内に取り込むことによって細胞内消化する．ちなみにムツゴロウこと畑正憲は，東京大学大学院理学系研究科在学時にアメーバの生理学的研究をしていた．この写真は光学顕微鏡で撮影したもの．

1.2.2 キイロタマホコリカビ

(*Dictyostelium discoideum*)

細胞性粘菌門，タマホコリカビ綱に属する．周りに餌（バクテリアなど）が多いときは，個々の細胞がアメーバ状の運動をしながら貪食する．貧栄養状態になるとcAMPをシグナルとして用いてアメーバ状細胞が集合し，ナメクジ状の移動体を形成する．移動体が成熟すると，胞子が集まって球形の塊となった胞子塊が柄で持ち上げられた1～5mmの高さの子実体を形成する．ゲノムプロジェクトでも扱われたモデル生物として，研究にも用いられている．この写真は形成された子実体を走査型電子顕微鏡で撮影したもの．

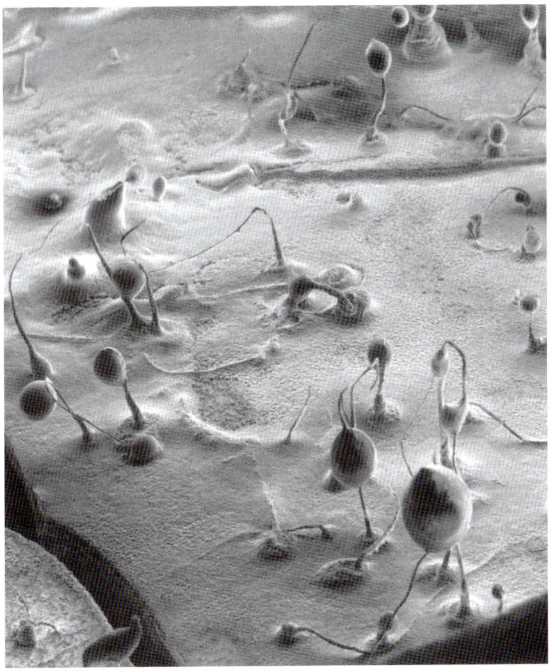

1.2.2

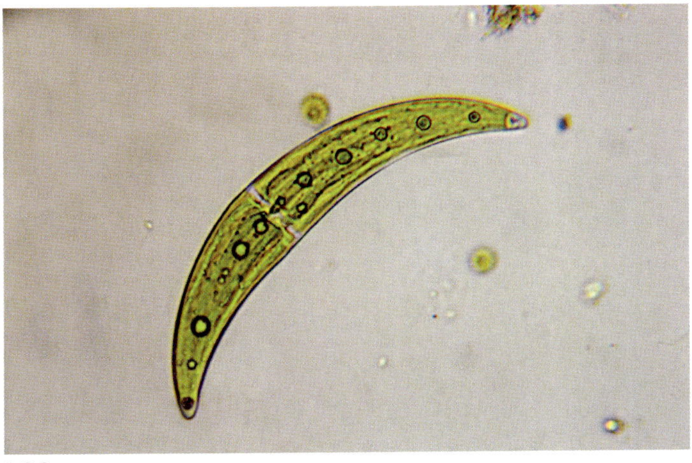

1.2.3

1.2.3 ミカヅキモの一種

(*Closterium* sp.)

接合藻植物門，チリモ綱に属する．長さ500mm前後の美しい三日月形の単細胞からなる．細胞中央の透明な部分に核があり，その両側に色素体が1個ずつ，細胞体先端にある空胞部分まで伸びている．細胞壁は2片からなり，半細胞構造をしている．日本中の湖沼をはじめ，世界各地に生息する．

1.2.4

1.2.4 アオミドロの一種

Spirogyra algae（*Spirogyra* sp.）

接合藻植物門，真正接合藻綱に属する．春から秋にかけて「ウォーターシルク」や「人魚の髪」と呼ばれるぬるぬるした綿状の塊を形成する．綿の構成要素である糸状体は，隣の細胞との結合を促すねばねばした物質を分泌する細胞が繋がっていくことにより伸長する．各々の細胞は一つないしは数個の螺旋状の葉緑体を持ち，その中にははっきりとした数個のピレノイド（デンプンの形成と貯蔵に関与）が観察される．

1.2.5 ダルス

Dulse（*Rhodymenia palmate*）

紅藻植物門，真正紅藻綱に属する．高さは15～40mにも達する不定形の紅藻類で，潮間帯下部から漸深帯にかけて付着する．クロロフィル*a*とフィコビリンタンパク質からなる紅藻に特徴的な赤い色素体のロドプラストを持っている．太平洋全域の沿岸に分布する．

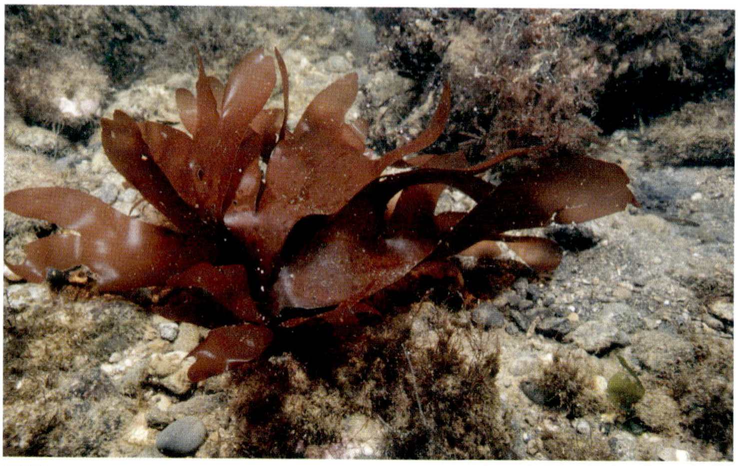
1.2.5

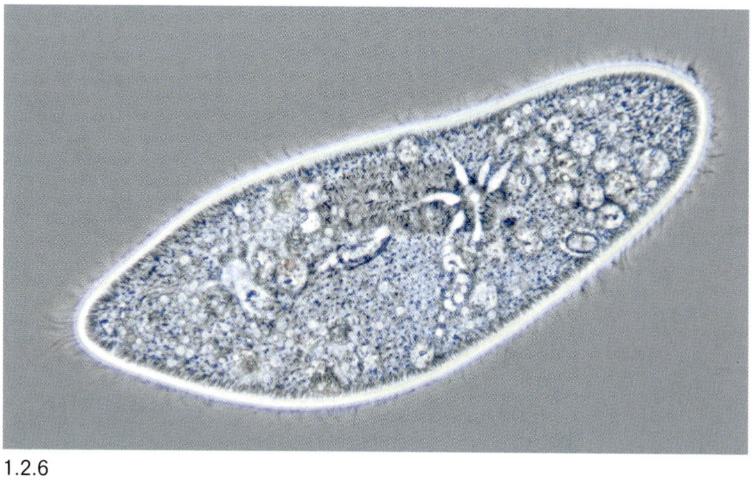
1.2.6

1.2.6 ゾウリムシ

Paramecium（*Paramecium Caudatum*）

繊毛虫門，少膜綱に属する．淡水にすむ単細胞生物である．繊毛が全身に生えており，これを用いて移動する．細胞口という摂食のための場所があり，主に細菌を食べる．写真中に見える大きな星形の細胞器官は収縮胞で，細胞内の浸透圧調節を行う．分裂による無性生殖だけではなく有性生殖（接合）も行う（4章 生殖4.3.14を参照）．

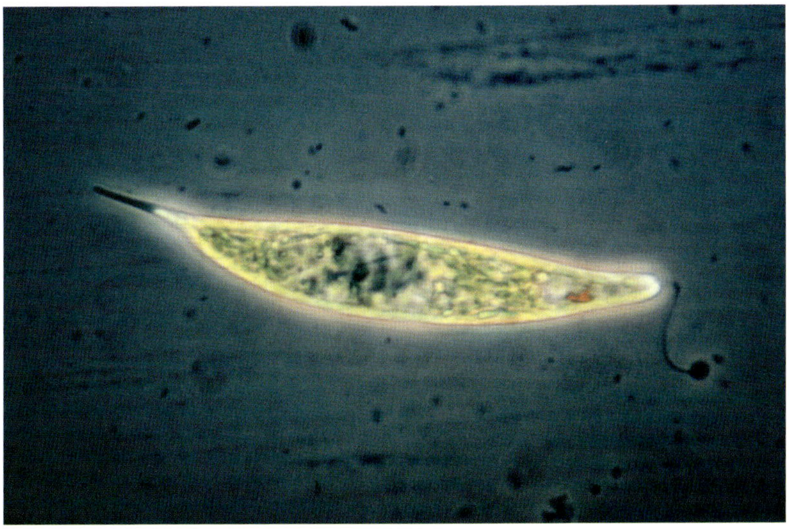

1.2.7

1.2.7 ツムミドリムシ
(*Euglena acus*)

ユーグレナ植物門，ユーグレナ藻綱に属する．細胞は紡錘形で，尾部（写真左）の先端に無色の突起を持つ．頭部（写真右）には2本の鞭毛（うち1本は短い）が生えており，その横には赤い色素（眼点）が観察される．外皮は比較的硬く，他種のミドリムシと比べて変形運動が弱い．細胞体の大きさは約100μm．円盤状あるいは多角形状の葉緑体を多数持ち，光合成を行う．クロム耐性があることから，クロム排水汚染指標藻類とされる．この写真は光学顕微鏡で撮影したもの．

1.2.8 太陽虫の一種
(*Acanthocystis turfacea*)

有軸仮足虫門，太陽虫綱に属する．*turfacea* 種は直径約50μm，淡水産遊走性の原生生物で，クロレラを光合成共生体として多数有している．細胞体の表面は珪質の殻と棘でおおわれ，また微小管を持つ有軸仮足を殻孔から放射状に多数伸ばしており，これを用いて水中の小動物を捕食する．この写真は位相差顕微鏡で撮影したもの．

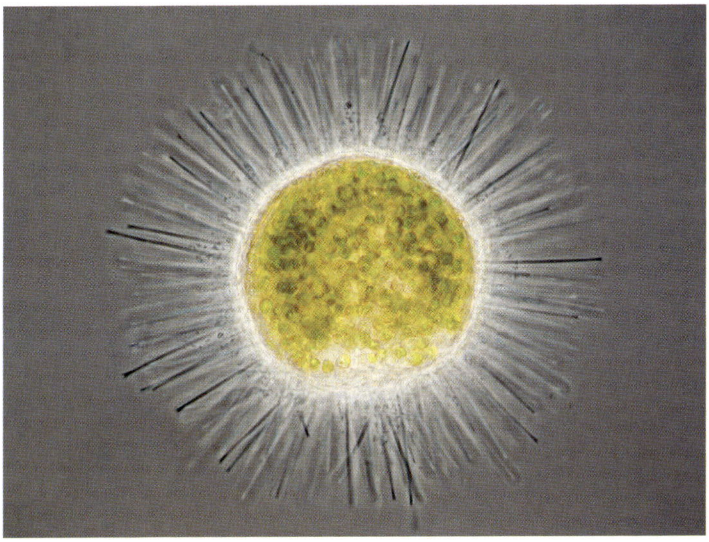

1.2.8

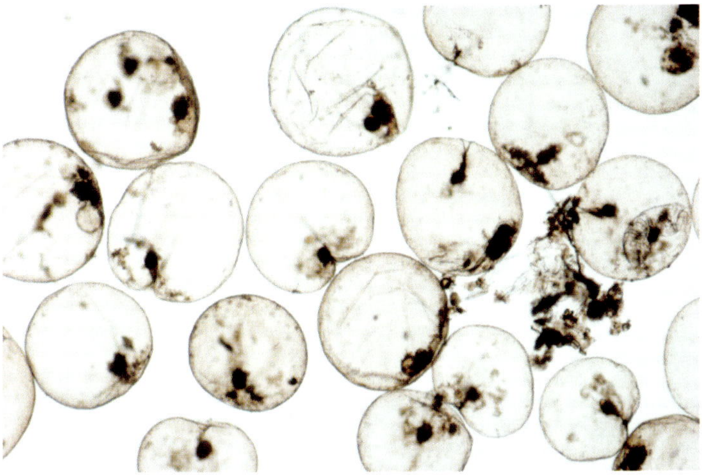

1.2.9

1.2.9 ヤコウチュウの一種
(*Noctiluca* sp.)

渦鞭毛虫門，ヤコウチュウ綱に属する．世界中に広く存在する発光プランクトンで，直径が0.1～1.2mmの単細胞生物である．細胞の一部が溝状に深く凹入しており，その奥に細胞口がある．溝の後端にある触手で捕らえた食物（甲殻類の幼生，珪藻など）がこの口を通して細胞内に運ばれる．光合成色素を持っておらず，原形質は薄桃色を帯びており，赤潮特有の色はこれに起因する．一方，発光はホタルと同様にルシフェラーゼによるもので，基質であるルシフェリンを酸化することにより青白い光を放つ．物理的な刺激により発光を引き起こすことができるため，夜，ヤコウチュウの多い海域では航跡が青白く光って美しい．この写真は光学顕微鏡で撮影したもの．

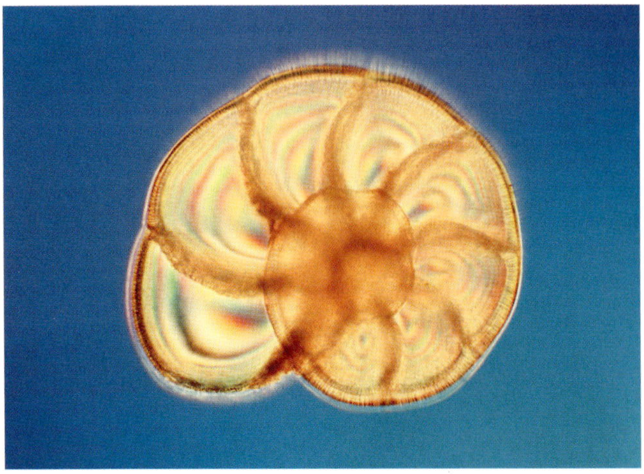

1.2.10

1.2.10 有孔虫の一種

(*Nonionina depressula*)

有孔虫門，有孔虫綱に属する．*depressula* 種は直径約 400 μm の多室性の殻を持っており，北海にあるヘルゴランド島に生息する．多くの有孔虫は石灰質の殻をもつ多細胞の原生生物で，その殻はチョークや海底泥の主な構成要素となる．主に海水もしくは塩水湖に生息する．殻には孔が散在しており，その穴から原形質の突起や仮足を伸ばして，移動や捕食を行う．ちなみに石灰岩中によく見られるフズリナも有孔虫の仲間である．この写真は殻を光学顕微鏡で撮影したもの．

1.2.11 クラミドモナス(コナミドリムシ)の一種

Chlamydomonas (*Chlamydomonas* sp.)

緑藻植物門オオヒゲマワリ綱に属する．淡水産の単細胞生物で，長径が約 20 μm の楕円形である．2 本の等長の鞭毛を持ち，平泳ぎのように前進遊泳する．クロロフィル *a* と *b* を持ち，光合成を行う．分子生理学の分野などで広く用いられ，ゲノムプロジェクトの対象にもなっているモデル生物である．

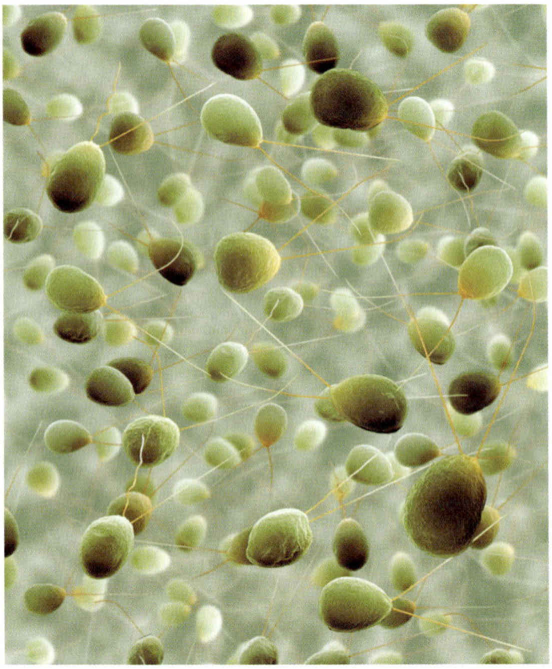

1.2.11

1.2.12

1.2.12 ボルボックス(オオヒゲマワリ)

Volvox (*Volvox aureus*)

緑藻植物門，オオヒゲマワリ綱に属する．淡水産．ボール状の周囲には鞭毛を持った体細胞が存在する．この働きにより水中を移動する．内部にはゴニディア (gonidia) と呼ばれる生殖細胞が見える．群体と呼ばれる体制をもつが前述のように細胞の分化が見られる．もっとも単純な多細胞生物の一つとして研究されている．

1.2.13

1.2.13 カラフトコンブ

Kelp（*Laminaria saccharina*）

褐藻植物門，褐藻綱に属する．葉部が50cm程度の小型のコンブである．褐藻に特徴的な色素体，ファエオプラストを持っている．これはクロロフィル*a*，*c*とカロチノイド系のフコキサンチン等からなる．日本国内では報告例が少なく，北海道北部で採集の報告がある．樺太には多く分布するといわれている．

1.2.14 ツキヌキモジホコリカビ

Slime Mold（*Physarum Penetrale*）

変形菌門，モジホコリカビ綱に属する．子嚢は縦に長い球形で緑がかった灰色．柄があり，高さ1～2mm．春から秋に腐った木または生木樹皮上に散生または群生する．

1.2.14

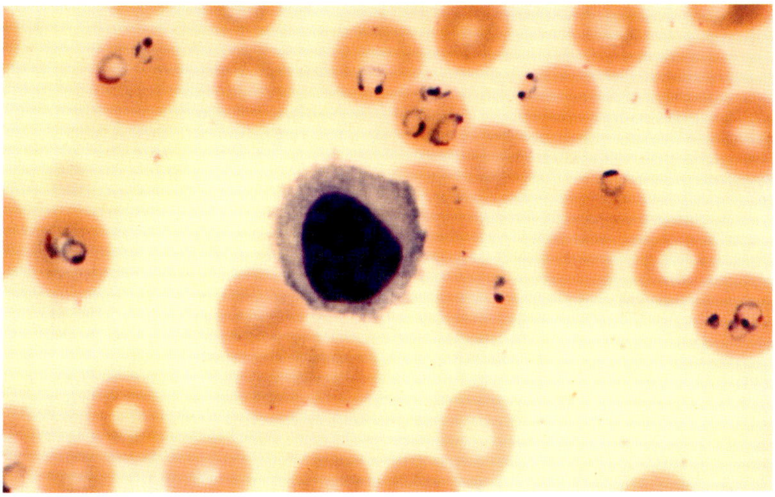

1.2.15

1.2.15 マラリア原虫の一種

Plasmodium（*Plasmodium* sp.）

アピコンプレックサ門，胞子虫綱に属する．写真では赤い赤血球中に1～3個，リング状（青紫色）に染色されている．脊椎動物の体内では無性生殖を，ハマダラカなどの体内では有性生殖を行う．

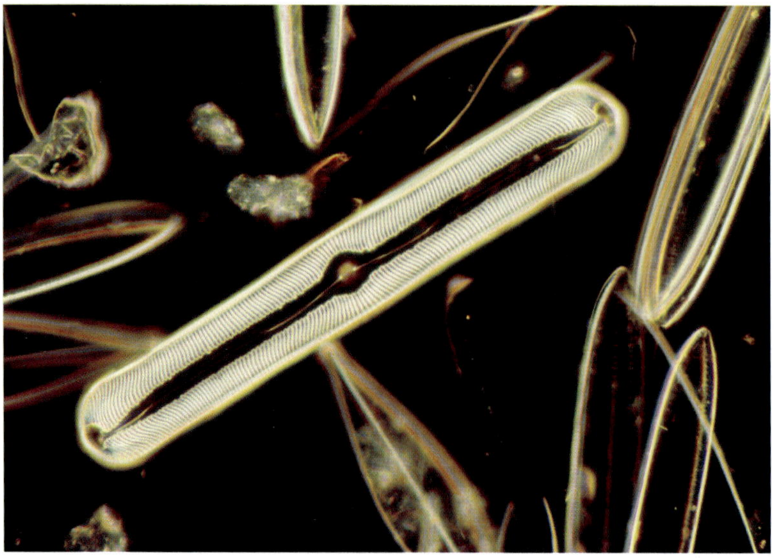

1.2.16

1.2.16 ハネケイソウの一種

(*Pinnularia nobilis*)

珪藻植物門，羽型綱に属する（写真中央がハネケイソウ，周囲には別種の珪藻類が見られる）．*nobilis* 種は比較的大型で，長径が 100 μm に達する羽状珪藻である．珪藻類は約 10000 種からなる単細胞の藻類で，淡水・海水中の食物連鎖において生産者の大部分を占める．また，特徴的な模様をした硝子質の被殻を持つ．被殻は箱に蓋が重なったような形をしており，羽状珪藻の場合，条線と呼ばれる小さな穴が中心線を境に左右対称に並んでいる．この写真は光学顕微鏡で撮影したもの．

1.3.1

1.3.1 サビ病菌の一種

Yellow rust fungus（*Puccinia sessilis*）
担子菌門，異型担子菌綱に属する．サトイモ科の植物（*Arum maculatum*）の葉に感染している．生殖型胞子を蓄えた直径約 500 μm の子実体（写真ではオレンジ色）が成長すると葉の表面を破り，結果として病斑が現れる．ユリ科の植物であるラムソンやサトイモ科の植物であるアルムによく感染することから「ラムソン＆アルムサビ病」とも呼ばれる．

1.3.2 アミガサタケ

Morel mushroom（*Morchella esculenta*）
担子菌門，同型担子菌綱に属する．子実体は孤生あるいは群生し，その高さは 5 ～ 8cm となる．助脈（傘の編み目の部分）は類円多角形で，黄土色を呈する．秋に生えるキノコが多いが，本種は春に林内や庭などによく見られる．フランス料理の食材としても珍重されるが，生食は中毒を引き起こす．脂っこい料理に合うといわれる．

1.3.2

1.3.3

1.3.3 ベニテングタケ

Fly agaric（*Amanita muscaria*）
担子菌門，同型担子菌綱に属する．鮮赤色に白いいぼが散在した傘は，径が 6 ～ 15cm に達する．表面には粘性があり，はじめは球形であるが（写真右）のち饅頭形から平らに開く（写真左）．非アミロイド系の毒茸として古くから知られるが，ドクツルタケ等に比べればはるかに毒性は弱い．毒性分の一つ，イボテン酸にはグルタミン酸の数倍の旨味があるといわれ，そのせいか昔からハエトリに用いられてきた．（ベニテングタケの煮汁を放置しておくと，その匂いにつられてハエが飛んできて嘗める．そのハエはイボテン酸により体が麻痺し，落ちて死ぬ．）

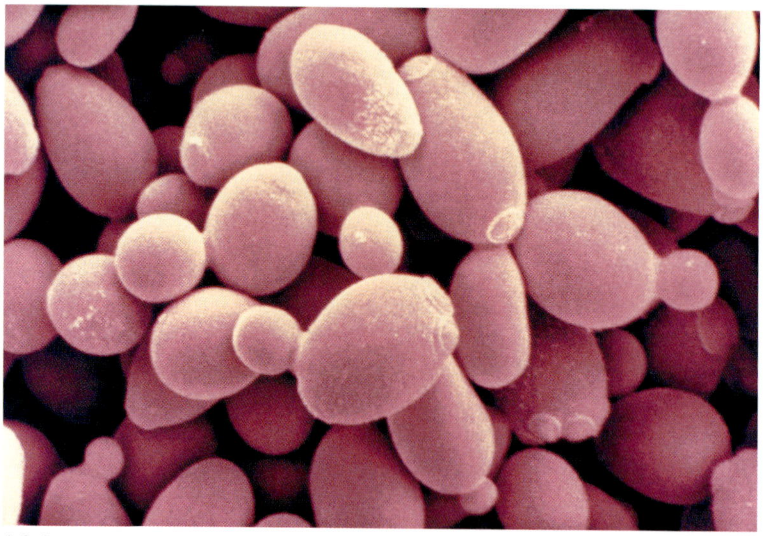

1.3.4

1.3.4 出芽酵母

Budding yeast (*Saccharomyces cerevisiae*)

子嚢菌門，原生子嚢菌綱に属する．酵母は単細胞性である．出芽によって増える．一倍体の世代のとき，接合し二倍体になり，栄養が枯渇すると減数分裂を行い胞子形成を行う．胞子からは一倍体が発芽してくる．ブドウ糖やショ糖といった糖類を用いてアルコール発酵を行うことができる．パン酵母，ビール酵母，ワイン酵母，清酒酵母などはこの *Saccharomyces* の仲間である．生物学における真核生物のもっとも基本的なモデル生物として多くの研究がなされている．この写真は走査型電子顕微鏡で撮影後，着色したもの．

1.3.5 コウジカビの一種

Aspergillus (*Aspergillus Fumigatus*)

子嚢菌門，不整子嚢菌綱に属する．写真では菌糸体から分生子柄が伸びて，先端で分生子と呼ばれる外生胞子が多数見られる．コウジカビは一般に，餅やパンなどによく生えるカビである．デンプンを分解しぶどう糖を作り出す能力が高いので，日本酒や焼酎，泡盛を作る場合に用いられている．しかし，この *Aspergillus Fumigatus* はヒトに対する病原性を持ち，肺や外耳道，副鼻腔など体の内部に感染することがある．この写真は走査型電子顕微鏡で撮影後，着色したもの．

1.3.5

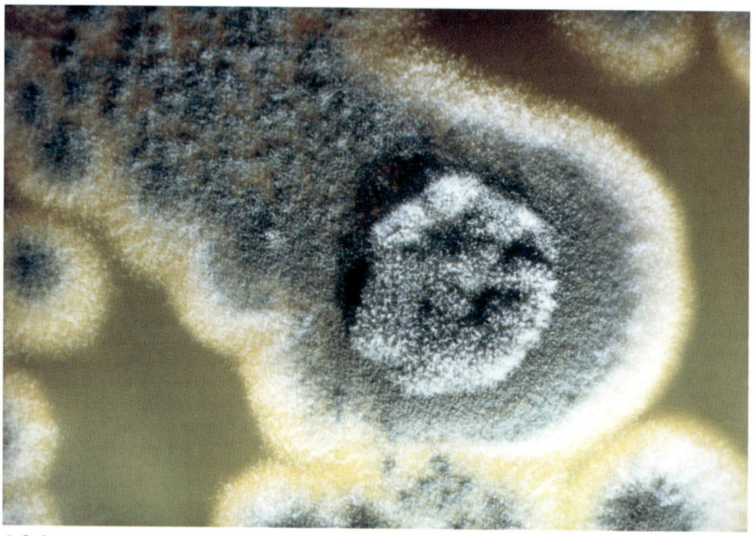

1.3.6

1.3.6 青カビの一種

Blue[Green]mold (*Penicillin chrysogenum*)

子嚢菌門，不整子嚢菌綱に属する．ペニシリンG(ベンジルペニシリン)高生産種で改良されて実際に生産に使用された．写真では培地上にコロニーを作っている．ペニシリンは近縁種の *Penicillium noctum* がほかの菌の生育を妨げることから発見された．ペニシリンは真正細菌の細胞壁の成分であるペプチドグリカンを合成する酵素の活性を阻害する．

1.3.7

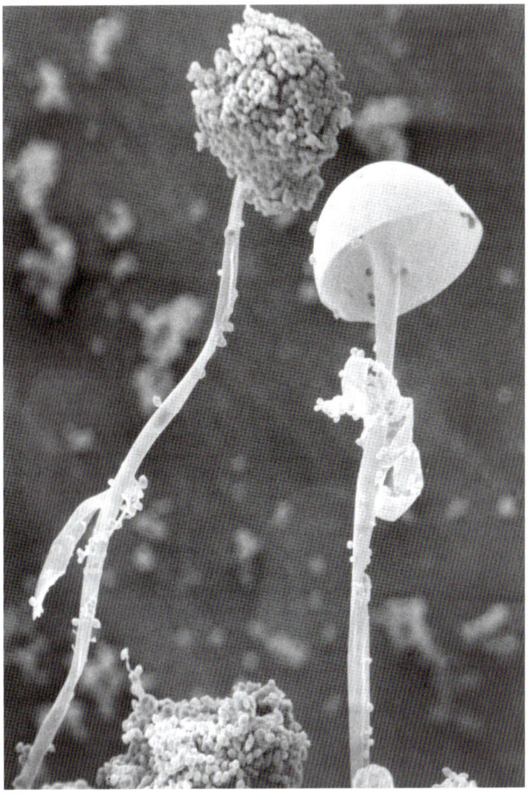

1.3.8

1.3.7 ハナゴケの一種

British soldier lichen（*Cladonia cristatella*）

地衣植物門に属する．高さ 1cm 位の低木状地衣類で，赤い部分が子実体，緑白色の部分が葉状体である．地衣類は，菌類に緑藻やシアノバクテリアが共生した共生体であることが特徴である．*cristatella* 種の場合，緑藻の一種である *Trebouxia erici* が菌の皮層の直下に藻類層を形成している．北アメリカの北部ではシンリントナカイ等の食料として，食物連鎖の源になっている．

1.3.8 クモノスカビ

Bread mold（*Rhizopus stolonifer*）

接合菌門，ケカビ綱に属する．二つの胞子嚢（直径約0.5mm）が菌糸体から上に向かって伸びている．胞子嚢は成熟すると，右の胞子嚢のように破裂し，胞子を放出する．そして腐敗過程にある果物やパンに胞子が付くと，ふたたび発芽し菌糸のネットワークを形作る．まれに植物や動物に寄生することもある．有性生殖をする場合は，菌糸から配偶子嚢をのばし，それらが接合することにより（自家接合は行わない）接合胞子を形成する．この写真は走査型電子顕微鏡で撮影したもの．

1.4.1

1.4.1 尋常カイメンの一種

(*Oscarella lobularis*)

海綿動物門，尋常（普通）海綿綱に属する．外皮が薄く，房状の群体をなしている．この種は尋常カイメンの多くが持つ骨片を持っていない．体に無数の孔が開いており，体内の水溝系につながる．水溝系に流れてくる水からプランクトン等の餌を濾し取る．大西洋岸，地中海に広く分布する．

1.4.2 テマリクラゲ

Sea gooseberry（*Pleurobrachia pileus*）

有櫛動物門，有触手綱に属する．体長1～2cmで卵形をしている．体の周囲に8列の櫛板列を持つ．櫛板には短い繊毛が横向きに並んでおり，それら繊毛運動の同調によって海水中を進む．2本の触手には「投げ縄細胞」と呼ばれる粘着性に富んだ細胞が点在しており，魚類や甲殻類など獲物の捕獲に役に立っている．

1.4.2

1.4.3

1.4.3 オワンクラゲ

Crystal jelly（*Aequorea victoria*）

刺胞動物門，ヒドロ虫綱に属する．北太平洋沿岸水域に主に生息する．傘は扁平でお椀状をしており，寒天質を非常に多量に含む大型のクラゲ．ときには直径が20cmに達することもある．刺激を受けると生殖腺が発光する．この発光は1960年代に下村脩によって発見された，緑色蛍光タンパク質（Green Fluorescent Protein；GFP）によるものである．GFPの発見は生物学の様々な分野の研究に大きな影響を与えた．

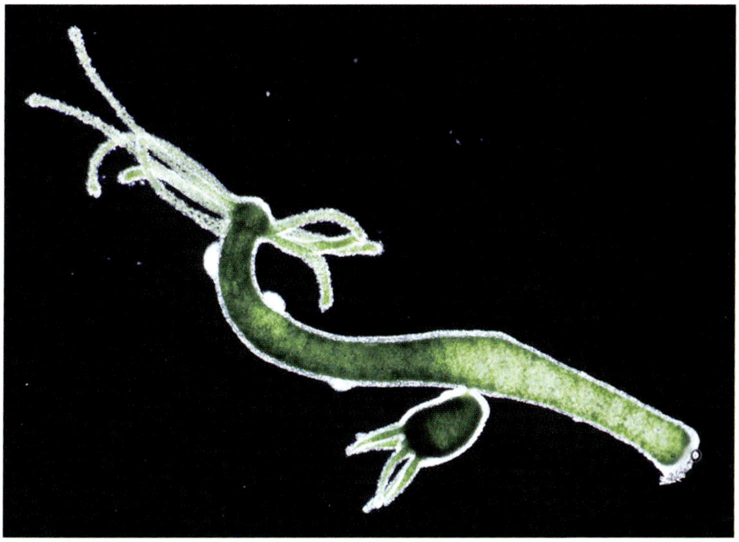

1.4.4

1.4.4 グリーンヒドラ

Green hydra（*Hydra viridissima*）

刺胞動物門，ヒドロ虫綱に属する．体長約 5mm で浅水に生息し，植物・石・枝などに付着する．昆虫・甲殻類（ミジンコ・ヨコエビ）・扁形動物・ボウフラなどの水生小動物を食する．また，緑の体色であるが，体内で共生するクロレラに起因する．ポリプ（写真下）の出芽による無性生殖を行う．

1.4.5 ヒモムシの一種

Marine ribbon worm

紐形動物門，無針綱に属する．体節構造のない滑らかな体を持ち，前端部から体内に吻を格納している．扁形動物と似た形をしているが，肛門と閉鎖循環系を持つことから別の門に分類されている．

1.4.5

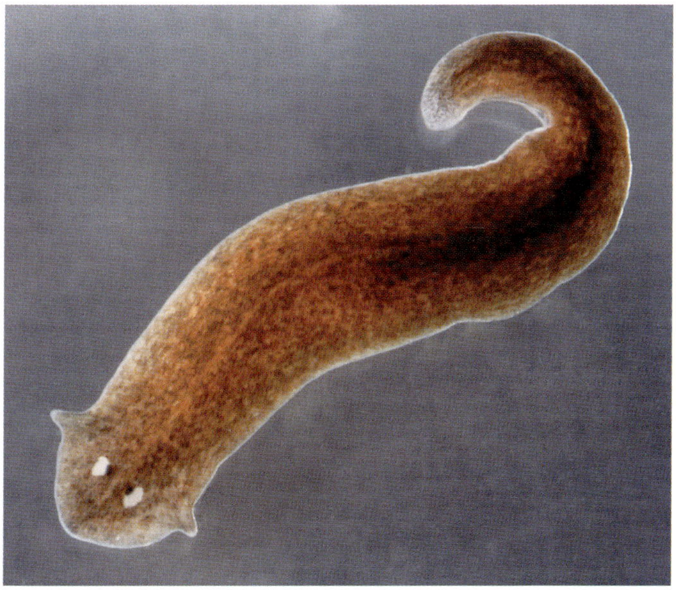

1.4.6

1.4.6 プラナリアの一種

Planaria

扁形動物門，渦虫綱に属する．三胚葉性の体制を持つが貫通した消化器官系を持たない．写真では左下に眼がある．再生能力が非常に高く，二つに切断されても切断面から失った部分を再生し，2 個体になることができる．

1.4.7

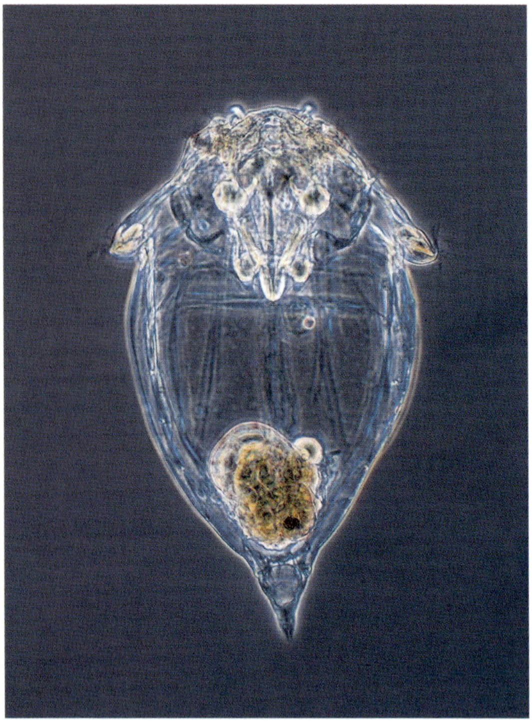

1.4.9

1.4.7 ハリガネムシの一種

Horsehair worm ／ Gordion worm（*Gordius robustus*）

類線形動物門，線形虫綱に属する．陸生昆虫の寄生虫として知られる．幼生が水と一緒に陸生昆虫に飲み込まれるか，一度水生昆虫に寄生し，この水生昆虫が陸上でカマキリなどに捕食されることによって，陸生昆虫の腸や体腔に寄生する．

1.4.9 ワムシの一種

Rotifer

輪形動物門，輪虫綱に属する．主として淡水産である．体は左右相称で体表はキチン質でおおわれている．繊毛が冠状になった部分が口器付近（写真上部）に存在し，この部分が摂食や運動に使われ，微細な有機物や原生動物など捕食する．口器の近くには眼点がある．

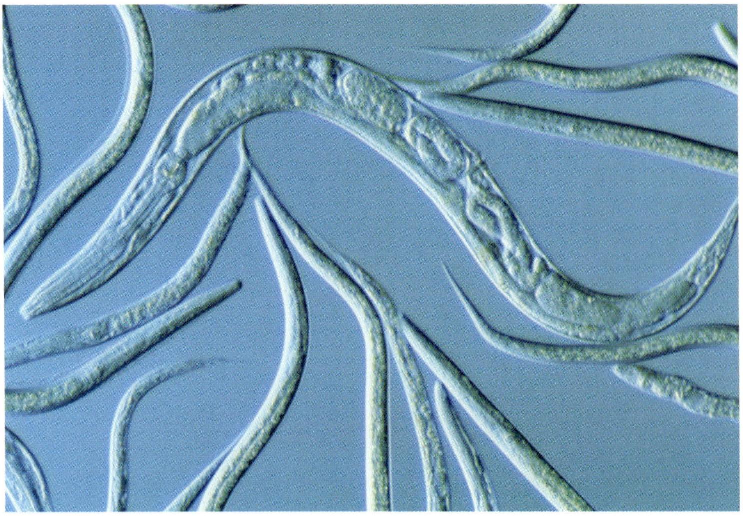

1.4.8

1.4.8 線虫の一種

Nematode worm（*Caenorhabditis elegans*）

線形動物門，双線綱に属する．体長約 1mm で土壌中にすみ，細菌類を捕食する．雌雄同体で，自家受精により同種の個体を多数生みだすことができる．*C. elegans* はシドニー・ブレナーらによってモデル生物として確立された．神経細胞の全ネットワークが明らかになっており，また 959 個からなる体細胞の系譜や遺伝子地図も調べられている．ゲノムプロジェクトは終了しており，100Mb の塩基配列に約 19000 個の遺伝子が予測されている．

1.4.11

1.4.11 アオウミウシ

Seaslug (*Hypselodoris festiva*)

軟体動物門，腹足綱に属する．浅い海の海底に生息する．写真右が頭部，左が尾部である．頭部の2本のオレンジ色の角のようなものは触角で，後部のオレンジ色の部位が二次鰓で，この中央に肛門がある．この仲間の形態や体色は変化に富む．ウミウシが属する直腹足亜綱はアメフラシやハダカカメガイ（クリオネ）の仲間も含んでいる．

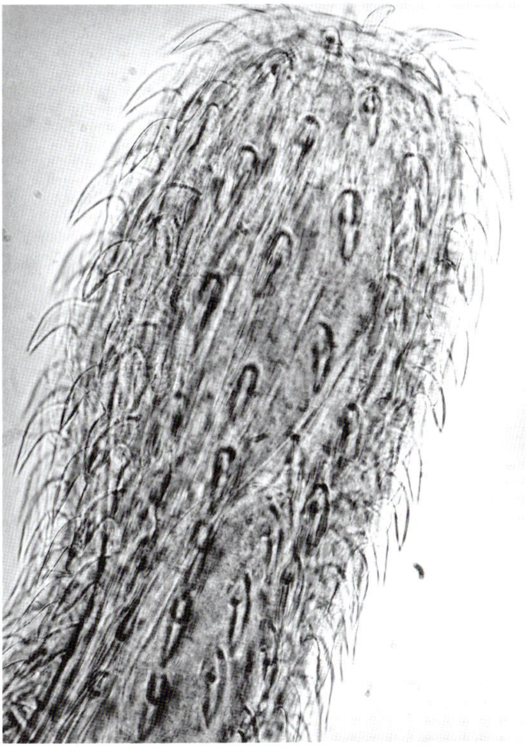

1.4.10

1.4.12

1.4.10 コウトウチュウの一種

Spiny-headed worm

鉤頭動物門に属する．この種は中間宿主としてカニのような水生甲殻類の消化管に，棘列を引っかけるようにして寄生する．成虫に達すると発生が止まり，被嚢を形成する．この状態で中間宿主を食べた脊椎動物が，最終宿主となる．この写真は，幼生の吻の光学顕微鏡拡大写真．

1.4.12 オオシャコガイ

Giant clam (*Tridacna gigas*)

軟体動物門，斧足綱に属する．現存する二枚貝の中で最大種．体長 1.2m，重さ 200kg に達する．世界中の熱帯の浅い海に生息する．大きくなるとちょうつがいを下にして海底に固着する．外套膜中に渦鞭藻類の褐虫藻（Symbiodinium 属）が共生しており，褐虫藻に日光をあてるために日中に貝を開いて外套膜を広げている．この属の褐虫藻は造礁サンゴにも共生していることが知られていて，サンゴが大気中の CO_2 を吸収し，炭酸カルシウムとして沈着させるのには，この共生関係が必要であるとされている．

1.4.13

1.4.13 オウムガイ

Nautilus (*Nautilus pompilius*)

軟体動物門，頭足綱に属する．貝という名称が付いており，規則正しく区切られた殻を持っているが，タコやイカの仲間が属する頭足綱である．くちばし状の顎を囲んだ形で腕を持ち，水を噴き出すことにより推進力を得る．サンゴ礁の外側の水深 120m から 650m に生息する．英語名はノーチラス（ジュール・ヴェルヌの小説に出てくる潜水艦の名前にも採用されている．米国最初の原子力潜水艦の名前に使われている）．

1.4.14 コブシメ

Broadclub cuttlefish (*Sepia latimanus*)

軟体動物門，頭足綱に属する．コウイカとも呼ばれる．内部骨格である殻甲を持ち，飼鳥のカルシウム補給に用いられる．イカ墨がインクとして利用されていた．イカ墨で書かれた文字などの色が日光や乾燥によって変化し薄い褐色となる．これがセピア色で，学名にもなっている．頭足鋼は無脊椎動物の中で最大のダイオウイカ（20m）も含んでいる．

1.4.14

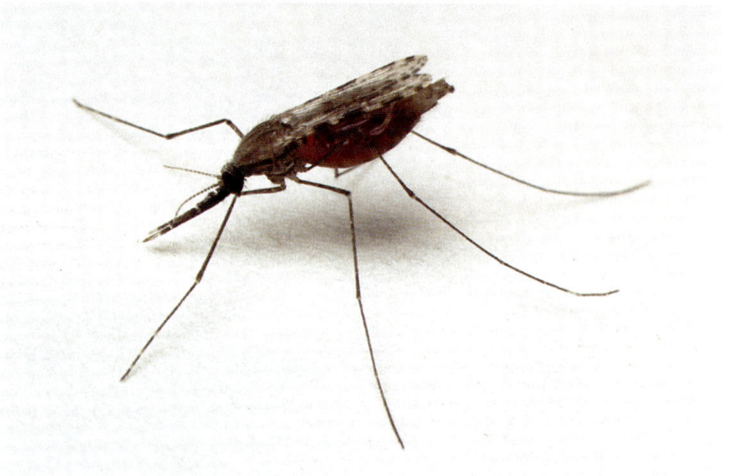

1.4.15

1.4.15 ガンビエハマダラカ

Anopheles (*Anopheles gambiae*)

節足動物門，昆虫綱，ハマダラカ亜科に属する．アフリカでマラリアを引き起こすマラリア原虫を媒介する．写真では血液を吸って腹部が赤く膨らんでいる．ほかの蚊は体を水平にしてとまるが，この蚊は尾部を持ち上げるようにしてとまるのが特徴．ハマダラカとマラリア原虫はすでにゲノム情報の概要が発表されている．

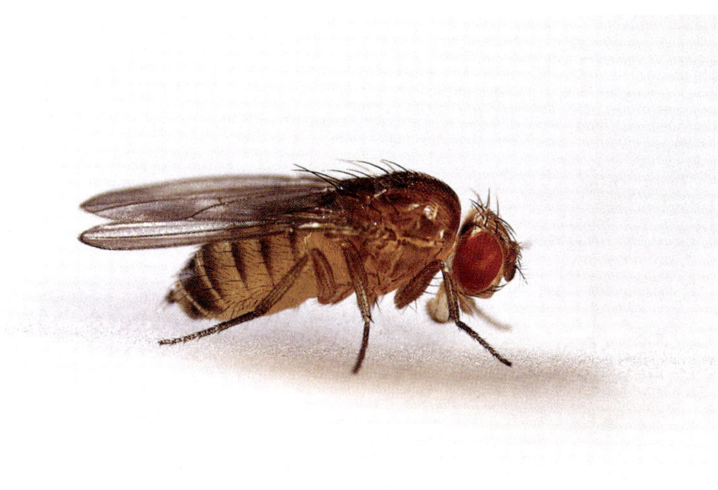

1.4.16

1.4.16 キイロショウジョウバエ

Fruitfly（*Drosophila melanogaster*）

節足動物門，昆虫綱．体長は3mm程度．果物や樹液を食べている．寿命は2か月．世代間隔は10日と短く，飼育が容易である．また，ゲノムサイズが小さく，染色体が四対と少ないため，生物学のモデル動物，特に遺伝学のモデル動物として用いられている．すでにほぼすべてのゲノム配列が解明されている．

1.4.17 カイコガの幼虫

Silk moth larva（*Bombyx mori*）

節足動物門，昆虫綱に属する．カイコともいう．幼虫は脱皮を4回繰り返し，繭を作る．主に養蚕に用いられ，繭をほどいて絹糸が作られる．

1.4.17

1.4.18

1.4.18 ダイオウサソリ

Emperor scorpion（*Pandinus imperator*）

節足動物門，クモ綱に属する．アフリカ大陸中西部に生息する．世界最大級のサソリで体長は20cm程度．黒く大きな鋏のほかに4対の脚を持ち，尾部の毒針を持つが毒自体は比較的弱いとされている．昆虫などを鋏で捕らえて食べる．雌は生んだ子どもを自分の背に乗せて運び，世話をする．多くのほかのサソリと同様，紫外線を照射すると強い蛍光を発する．

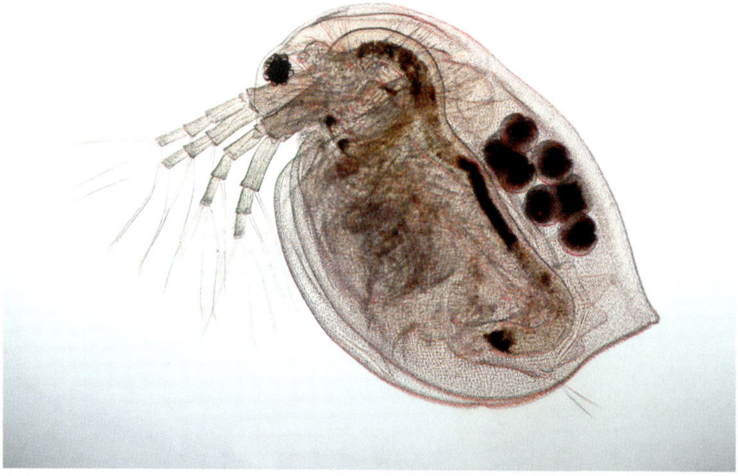

1.4.19

1.4.19 オオミジンコ

Water flea（*Daphnia magna*）

節足動物門，甲殻綱．淡水産．顕微鏡下では体のすべての組織が観察できる．足のように見えるものは遊泳脚と呼ばれる第二触角である．その前の黒い点は複眼で，その後ろから後部へ続く管が消化管である．藻や原生動物や水中の小さな有機物をこしとって摂取する．通常は単為生殖を行い，有性生殖を行う場合には長期の乾燥に耐えられる，堅い殻に包まれた耐久卵を生じる．背側に見られる黒い点が卵である．

1.4.20 オオムカデの一種

Giant red-headed centipede（*Scolopendra heros*）

節足動物門，ムカデ綱，オオムカデ目．多足類という名称で分類されていたこともある．北米に生息する．体長 15cm から 20cm 程度．頭部とそれに続く二つの節が赤く残りの節は黒色．黄色い脚は各節に一対付属し，後端部の一対は黒色である．この種の属するオオムカデの仲間では 21 対か 23 対である．顎肢に毒を持ち，この毒を用いて昆虫や両生類，ときには小型の哺乳類を補食する．ヒトの場合，かまれるとかなり痛むが，死に至ることはほとんどない．雌は卵を生むと脚を用いて巻き付き，一定のサイズになるまで世話をする．

1.4.20

1.4.21

1.4.21 カギムシの一種

Velvet worm（*Epiperipatus edwardsii*）

有爪動物門, カギムシ綱に属する．カギムシは体長 10cm 程度で，熱帯域および南半球の湿った場所に生息する．この種はトリニダード島で唯一記載され，アリポ山頂のブロメリア（南アメリカに分布する）の葉の上で見つかった．環形動物のような柔らかい体とすべての肢基部に開口する腎管を持つが，一方で節足動物のような気管とキチン質の外皮を持ち，そのあごは脚が変形したものである．

1.4.22

1.4.22 オウシュウツリミミズの一種

Earthworm（*Lumbricus* sp.）

環形動物門，貧毛綱に属する．雌雄同体であるが，自家受精することはない．2匹で交接を行い，できた卵細胞は環帯（白い帯）の内側で形成された卵胞に包まれ，頭部方向に生み出される．主に土中の有機成分を栄養源とする．土中を動き回ることによって土塊を細かくし，また空気を多く含ませるため，土壌の質を高めるのに役に立っている．

1.4.23 リヒテルスチョウメイムシ

（*Macrobiotus richtersi*）

緩歩動物門，異クマムシ綱に属する．体長400μmくらいの体節構造を持った小さな体に，小さな爪が先端についた4対の太い足でゆっくりと歩く．キチン化しておらず，水透過性の高いタンパク質のクチクラでおおわれているため，膨潤することができる．海岸や河川，池等の水中や，陸上では鮮苔類のある場所などに分布する．周囲の環境が乾燥すると，抵抗性の強い樽状の形になる．この状態で60年以上生き続けることができるといわれている．この写真は走査型電顕像．

1.4.23

1.4.24

1.4.24 ホウキムシの一種

Marine horseshoe worm（*Phoronis californica*）

箒虫動物門（触手冠動物門の一綱とされることもある）．オレンジ色で体長30cm程度，北アメリカ西岸で見られる．キチン質の管の中にすみ，体は泥の中や岩の上に固定されている．先端に渦巻き状の触手冠を持ち，プランクトンなどを食べる．触手の根元付近に口と肛門がある．この二つをつなぐU字状の消化管を持つ．

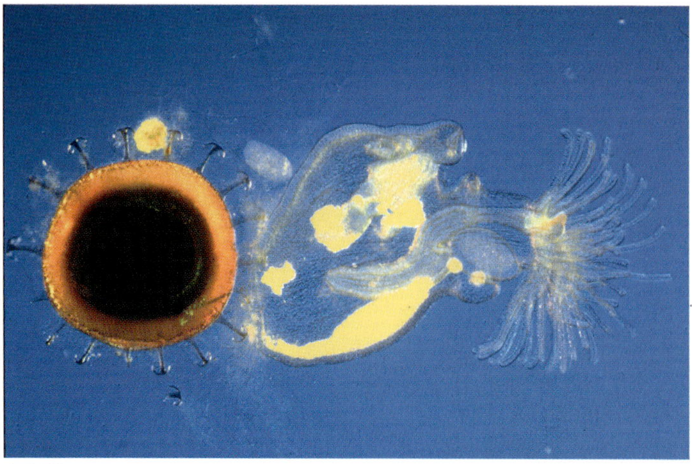

1.4.25

1.4.25 オオマリコケムシ

(*Pectinatella magnifica*)

外肛動物門，掩喉綱に属する．個虫（写真右）の長さは約 1.5mm で 60 ～ 84 本の触手を持つ．個虫は大量の寒天質を分泌することにより群体を形成し，さらに群体が集まった群体塊を形成する．発達した群体塊は晩秋には直径 2m 以上にも成長する．その後群体が崩壊すると，内部に多数形成された休芽（写真左）が大量に放出される．休芽は暗褐色で丸みを帯びており，周囲に錨状の太い棘が 11 ～ 22 本生えている．この休芽から夏に新たな幼生が生じる．

1.4.26 シャミセンガイの一種

腕足動物門，無関節綱に属する．軟体動物二枚貝綱に似ているが，二枚貝がその殻を体の左右に付けているのに対し，腕足動物は殻を背腹に付けている．雌雄異体で，有性生殖によって増える．砂泥の中に尾を潜り込ませて生息する．東大理学部動物学科初代教授であり，大森貝塚の発見者でもあるモースはシャミセンガイの研究のために来日した．

1.4.26

1.4.27

1.4.27 ヒメギボシムシ

Hawaiian acorn worm（*Ptychodera flava*）

半索動物門，ギボシムシ綱（腸鰓綱）に属する．半索動物は脊索に似た口盲管という構造を持ち，棘皮動物から脊索動物への進化の側枝とも考えられている．ギボシムシは海底の砂泥中に主に生息し，そこに溜まったプランクトンなどの死骸を砂ごと取り込んで栄養を濾しとる．

1.4.28

1.4.28 ナメクジウオ

Lancelet（*Branchiostoma*／*Amphioxus lanceolatum*）

脊索動物門，頭索動物亜門，ナメクジウオ綱に属する．体長 3cm 程度．体の全長にわたる，脊索と神経索を持つ．近縁の脊椎動物ではこの脊索は発生期に消失するが，ナメクジウオでは終生持ち続けられる．頭骨や顎，脊椎骨はない．尾鰭を使って遊泳し，プランクトンなどを鰓で濾して食べる．愛知県蒲郡市・広島県三原市の生息地では天然記念物に指定されている．

1.4.29 マボヤ

Ascidian／Sea squirt（*Halocynthia roretzi*）

脊索動物門，尾索動物亜門，ホヤ綱に属する．オタマジャクシ型の幼生期を持ち，眼点，中枢神経，筋肉，脊索などの脊椎動物と同様の体制をもち，遊泳する．幼生が岩などに固着し，写真のような成体になる．日本では食用にされている．また，近縁のカタユウレイボヤ（*Ciona intestinalis*）は発生学におけるモデル動物としてよく研究されている．

1.4.29

1.4.30

1.4.30 ゼブラフィッシュ

Zebrafish（*Danio rerio*）

脊索動物門，硬骨魚綱に属する．縦縞を持つ淡水産の小型の硬骨魚類．一度に 200 個程度の透明な卵（直径約 0.5mm）を生む．脊椎動物のモデル生物として発生生物学の研究に用いられている．

1.4.31

1.4.31 アフリカツメガエル

African clawed frog (*Xenopus laevis*)

脊索動物門，両生綱に属する．体長は 10 ～ 15cm ほど．一生水中にすみ，魚や昆虫などを食べる．後ろ足の 3 本の指に黒い爪がある．非常に飼育しやすく，餌も人工飼料や牛のレバーなどでよい．また，ホルモン注射により，一年中卵を得ることができるので発生学のモデル動物として利用されている．卵は直径 1.2mm ほど．

1.4.32 ミズカキヤモリ

Web-footed gecko (*Palmatogecko rangei*)

脊索動物門，爬虫綱に属する．サハラ以南のアフリカ，主にナミビアのナミブ砂漠に生息．体のサイズ（体長 10 ～ 15cm）と比べて手足が非常に長く，指の間に水かきを持つ．この水かき状の足は砂漠の細かい砂の上に体を沈ませることなく素早く移動することを可能にするだけでなく，日中の暑さを避けるため砂に穴を掘るのに役立っている．

1.4.32

1.4.33

1.4.33 オオガラパゴスフィンチ

Large ground finch (*Geospiza magnirostris*)

脊索動物門，鳥綱に属する小型鳥類で，ガラパゴス諸島に生息する．チャールズ・ダーウィンがビーグル号での航海の途中で立ち寄り，この仲間の形態的な変化により，進化論の着想を得たとされ，ダーウィンフィンチとも呼ばれる．生息場所や食性によりクチバシや習性が大きく異なっていることが 20 世紀になってから詳細に報告されている．また近年，この形態学的変化が遺伝子の発現の変化によることが報告されている．

1.4.34

1.4.34 マガモ

Mallard (*Anas platyrhynchos*)

脊索動物門，鳥綱に属する．マガモの雄はカモ類の中でも美しい色彩を持っており，特にその頭頸部が青緑色に光っていることから「アオクビ」とも呼ばれる．一方雌の羽色はまったく異なり，黄褐色地に全体に暗褐色の縦斑がある．カモ類の中でもっとも美味で，大型かつその生息数も多いことから，狩猟対照にもされている．ヨーロッパ，アジア，北米に広く分布し，冬は北アフリカ，インド，中国南部，日本に渡って越冬する．

1.4.35 カモノハシ

Platypus (*Ornithorhynchus anatinus*)

脊索動物門，哺乳綱，単孔目に属する．オーストラリア東部とタスマニア島に生息する．体長はおよそ 40 〜 60cm．哺乳綱に分類されているが，形態がさまざまな点で異なっており，中間的な位置にある．カモのような嘴を持ち，足には水かきがある．特に前足の水かきは非常に大きく，泳ぐ場合には基本的に前足が用いられる．雄の後足には蹴爪があり，毒腺につながっている．鳥類や爬虫類と同様に総排出腔を持ち，尿，糞の排出，生殖器官が未分離であり，卵を生む．乳頭はなく腹部の乳腺から表面ににじみ出る乳を与える．夜，水中でザリガニ等の餌を眼と耳を堅く閉じたまま捕えることができる．これは餌となる動物が動くときに出る非常に微弱な電流を捕える器官を持っているためである．

1.4.35

1.4.36

1.4.36 ラット（ドブネズミ）

Rat (*Rattus norvegicus*)

脊索動物門，哺乳綱に属する．日本産のドブネズミはシベリア・中国産の種が朝鮮半島を経由して入ったと考えられている．穴居性・雑食性で繁殖力が強い．野生型のドブネズミから生じたアルビノは，「マウス」とともにモデル動物として動物実験に広く用いられている．一般に「ラット」と呼ばれ，ゲノムプロジェクトの対象にもなった．ラットは生理学的にヒトと共通する点が多く，新薬のテストのみならず，化粧品や殺虫剤の検査にも用いられている．

1.4.37

1.4.37 アカゲザル

Rhesus monkey（*Macaca mulatta*）

脊索動物門，哺乳綱に属する．アフガニスタンからヒマラヤ山脈南部に沿って，インド，東南アジア，中国に広く分布する．体長 50cm ～ 60cm でニホンザルに比べてやや小さい．カニクイザル（*M. fascicularis*）と同種との見解もある．行動学・発生学のみならず免疫不全ウイルスやインフルエンザといったヒトの疾病研究に広く使用されているモデル霊長類である．Rh 式血液型もこのサルを使った実験から発見されたもので，Rh とは英名の Rhesus の頭文字に由来する．

1.4.38 パイプウニの一種

Slate pencil sea urchin（*Heterocentrotus* sp.）

棘皮動物門，ウニ綱に属する．太いパイプ状の棘があり，五放射相称の体制を持つ．ウニの仲間の卵は発生学や細胞生物学の材料としてよく研究に用いられている．

1.4.38

1.4.39

1.4.39 リュウキュウウミシダ

Feather star（*Oxycomanthus bennetti*）

棘皮動物門，ウミユリ綱に属する．冠部とそこから上方に伸びる腕（シダの葉に見える部分）と下方に伸びる巻枝（岩をつかんでいる部分）からなる体制を持ち，口と肛門が冠部の上面中央ににある．腕による遊泳や腕の下側の巻枝による移動を行う．ウミシダ類は浅海にも分布しており，主にデトリタス（生物の死骸や排出物の小片ならびにそれらの一次分解物）を食べる．

1.4.40

1.4.40 ジャノメナマコ

Leopardfish sea cucumber（*Bohadschia argus*）

棘皮動物門，ナマコ綱に属する．体長 30 ～ 40cm．灰色地に特徴的な蛇の目様の斑紋が散布する．振動などの刺激に応じて防御のため，粘着質で毒性のあるキュビエ管が反転し，肛門から外界に射出される．奄美大島以南，さらにはインド洋などの珊瑚礁に広く分布する．

1.4.41 クモヒトデの一種

Brittle star（*Amphiura filiformis*）

棘皮動物門，クモヒトデ綱に属する．中央部に扁平な盤とそこから放射状に伸びる柔軟な腕からなる形態を持つ．管足を下面に持ち，移動や捕食に用いられている．口は下面中央部に存在するが続きが胃までしかなく，腸，肛門はない．主にデトリタスを食べる．

1.4.41

1.4.42

1.4.42 アカヒトデ

Red starfish（*Certonardoa semiregularis*）

棘皮動物門，ヒトデ鋼に属する．星型の形態を持ち，通常五本の腕からなる．管足を下面に持ち，移動や捕食に用いられている．口は下面中央部に肛門は上面に存在する．主に貝類や死んだ魚を食べる．再生能力が強いことが知られている．

1.4.43

1.4.43 チューブワーム

Giant tube worm (*Riftia pachyptila*)

有鬚動物門，ハオリムシ綱に属する．体長約1mで，白いキチン質でできた棲管にすむ．深海熱水噴出口の周辺に群生し，その生態系の主要なメンバーとなっている．高温に耐え，共生細菌を通じて，栄養分を水中から摂取する．共生細菌は，熱水噴出口から出た硫化水素や二酸化炭素を，チューブワームが栄養源として用いることのできる有機化合物に化学合成する．棲管からのぞく赤いプルームといわれる部分には，共生細菌に硫化水素を運ぶ役割を担う特殊なヘモグロビンが存在する．

1.5.1

1.5.1 ウマスギゴケ

Hair cap moss（*Polytrichum commune*）

コケ植物門，蘚類綱に属する．大型で高さ 5 ～ 20cm に達する．茎はほとんど枝分かれせず，方位磁石の針のような形の葉が密に生える．蒴《さく》と呼ばれる胞子嚢が柄の頂に形成される．雌雄異株．明るい場所の粘土質の土壌や湿原に群生する．しばしば日本庭園にも植えられる．

1.5.2

1.5.2 タイワンアオネカズラ

Green caterpillar fern（*Polypodium formosanum*）

シダ植物門，シダ綱に属する．冬緑性の葉は，長さ 50cm 前後に達する．胞子嚢群が中肋の両側に列をなすという，シダ植物に特徴的な形状を持つ．林内の樹幹や岩上に着生し，大きな群落を作ることもある．

1.5.3

1.5.3 トクサ

Horsetail（*Equisetum hyemale*）

トクサ植物門，トクサ綱に属する．日本を含む北半球の温帯に分布．直立する茎は中空で節がある．地下茎でも増えるが，写真で見られるように茎の先端にツクシのような構造を作ってそこから胞子を放出し，増殖する．トクサは植物体の表面の細胞の細胞壁に多量のケイ酸質を蓄積する．このため漆器などを砥いだり磨いたりする研磨材として利用されてきたので，砥草と呼ばれている．

1.5.4

1.5.4 ソテツ

Cycad palm，Cycad（*Cycas revoluta*）

ソテツ植物門，ソテツ綱に属する．ソテツは一般にサゴヤシとも呼ばれるが，一般的なヤシは顕花植物門に属しており異なった系統にある．中央に見える黄色い円柱状の器官が雄性胞子嚢穂（雄花）で，花粉を作る．雌雄異株で花粉は風により運ばれて雌性胞子嚢穂に届けられる．ソテツはイチョウと同じく花粉が花粉管内で精子を放出することが知られている．ソテツは土壌の上に二次根を持っている．この二次根には上皮のすぐ下に緑色の組織がある．これはシアノバクテリアが単層に並んだものであり，ソテツと共生関係にある．これらのシアノバクテリアは窒素固定能力を持ち，硝酸塩の乏しい土壌でもソテツが生育できるようにしていると考えられている．

1.5.5 イチョウ

Maidenhair tree（*Ginkgo biloba*）

イチョウ植物門，イチョウ綱に属する．落葉性の大木で，ときには高さ 30m，直径 2m にもなる．葉は扇形をしており，中央に切れ込みがある．また「中肋」と呼ばれる中心葉脈を持たず，葉脈は何回か分枝を繰り返し結びつくことはない．晩秋，落葉前に美しい黄金色に色付く．種子はギンナンと呼ばれ，熟すると黄色く悪臭を放つ外種皮と硬い黄白色の内種皮からなる．雌雄異株．生きた化石の代表例の一つ．様々な気候への適応性が高く，アジアから 18 世紀初頭にヨーロッパに伝わった．

1.5.5

1.5.6

1.5.6 スギ

Japanese cedar（*Cryptomeria japonica*）

球果植物門，マツ綱に属する．日本固有種の常緑の高木（ヒノキ科）でヒノキとともに植林の主要造林樹種であり，スギ林は全森林面積において 18%，人工林面積において 44%を占める．分布は植林が行われているため，青森県から屋久島まで温暖帯全体に広がっている．写真は枝の先端に形成された多数の雄花である．スギは花粉が風により運ばれる風媒花でり，雄花の中に大量の花粉を作って放出する．このため花粉症を引き起こす原因となっている．

1.5.7

1.5.7 トマト

Tomatoes（*Lycopersicon esculentum*）

被子植物門，双子葉植物綱に属する．南アメリカ原産といわれ，現在は世界中で栽培されている１年草である．高さ１～1.5m にもなる．茎は地に接するとどこからでも根を出し，容易に挿し木ができる．夏に黄色い花を開く．実は液質で，直径５～10cm の扁球形をしており，熟すると緑から赤へと色が変わる．

1.5.8

1.5.8 ダイズ

Soya bean, Soy bean（*Glycine max*）

被子植物門，双子葉植物綱に属する．おそらく中国原産で，現在は世界中で栽培されている一年草である．高さは約60cm に達する．夏に小型の紫紅色もしくは白色の蝶形花をつける．食料としても，また工業的にも油分やタンパク質の重要な供給源である．マーガリン，豆腐，豆乳のように加工されたり，醸すことにより醤油，味噌，納豆とするなど，食品としての幅が広い．

1.5.9

1.5.9 タバコの一種

South American tobacco（*Nicotiana sylvestris*）

被子植物門，双子葉植物綱に属する．*sylvestris* 種は南アメリカ原産の１年草である．高さ１～1.5m にもなる．夏に白く芳香の強い花を開く．一般に喫煙に用いられているタバコ（*N. tabacum*）の近縁種である．

1.5.10

1.5.11

1.5.12

1.5.10 シロイヌナズナ

Thale cress / Mouse-ear cress（*Arabidopsis thaliana*）
被子植物門，双子葉植物綱に属する．ヨーロッパ，アジア，北アフリカに分布する．海辺の砂地や川沿いから耕作地まで，幅広い環境に生える多年草である．高さは5〜50cmに達する．春，茎頂に白い花をつける．栽培が容易で多数の種子がとれ，また世代期間が短いことから植物学の代表的なモデル生物となっている．また多くの変異株が維持されており，ゲノムプロジェクトの対象にもなっている．

1.5.11 ミヤコグサ

Bird's-foot trefoil（*Lotus corniculatus*）
被子植物門，双子葉植物綱に属する．道端等に見られる多年草．春から夏にかけて美しい鮮黄色の蝶形花をつける．栽培が容易で，世代期間が短いことからマメ科のモデル生物となっている．また，根粒菌の共生があることから，その分野での研究にも用いられている．ゲノムプロジェクトの対象にもなっている．

1.5.12 トウモロコシ

Maize / Corn（*Zea mays*）
被子植物門，単子葉植物綱に属する．中央アメリカ原産といわれている．高さは1〜3mに達する．夏から秋にかけて茎の頂に大型の円錐形の雄花穂をつける．雌花穂は茎の上方の葉腋から生える．1940年にバーバラ・マクリントックによってトランスポゾンが発見されたのもトウモロコシである．またC_4植物の例としてよく挙げられる．

1.5.13

1.5.13 イネ

Rice（*Oryza sativa*）

被子植物門，単子葉植物綱に属する．東南アジア・インド辺の原産といわれ，古く日本に伝わった1年草．株となって高さ50～100cmに達する．モデル生物としても用いられ，ゲノムプロジェクトの対象にもなっている．

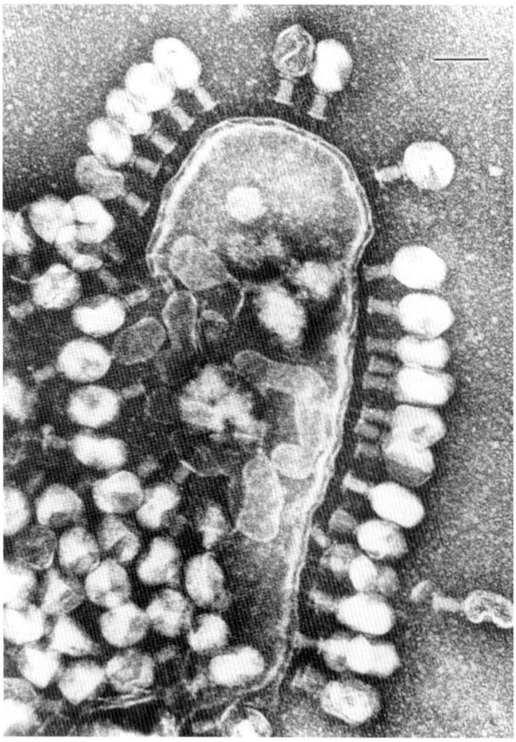

1.6.1

1.6.1 大腸菌を攻撃するT4バクテリオファージ

Group I（2本鎖DNA），マイオウイルス科，T4様ウイルス属（T4-like viruses）．写真では大腸菌にたくさんのT4バクテリアファージが結合している．結合したT4バクテリアファージはDNAを大腸菌に注入し，DNAの複製とファージの外殻のタンパク質の合成を行う．いくつかのT4バクテリアファージはすでにDNAを注入し終わっており，頭部が空になっているのが観察される．透過型電子顕微鏡写真（TEM），約7万倍．

1.6.2 タバコモザイクウイルス

Tobacco mosaic virus

Group IV（1本鎖RNA＋鎖）に分類される．Tobamovirusに属するタバコモザイク病などの病原ウイルス．モザイク病はタバコやトマトに見られる病気であり，葉にモザイク状の斑点ができて成長が悪くなり，収量が減少する．ウイルスの長さは約300nm，直径18nmの棒状の構造をしている．このウイルスはきわめて安定であり，感染力が強い．

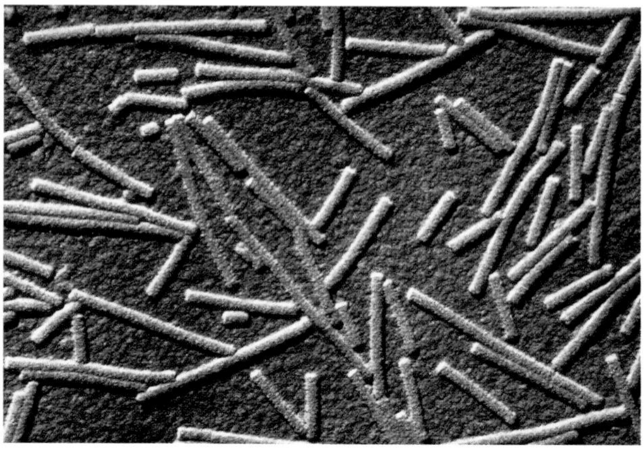

1.6.2

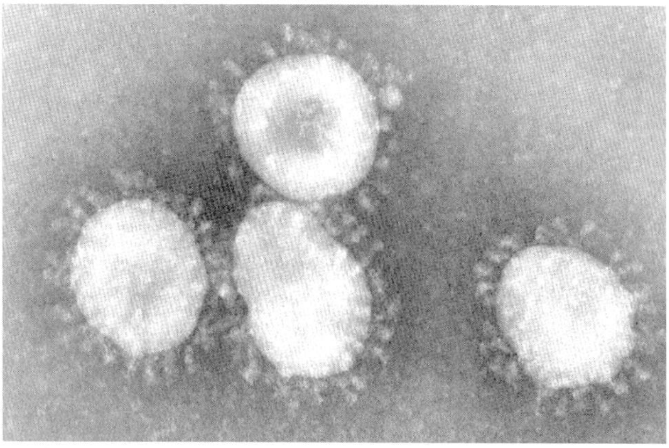

1.6.3

1.6.3 SARSコロナウイルス

SARS coronavirus

Group IV（1本鎖RNA＋鎖），ニドウイルス目，コロナウイルス科．エンベロープ表面に太陽のコロナのような突起を持つ．中国内陸部およびそこからの渡航者によって世界数カ所で集団感染が確認されている．新種の感染症である重症急性呼吸器症候群（Severe Acute Respiratory Syndrome，SARS）の原因ウイルスと同定された．その後，配列解析が行われており，現在までに知られているコロナウイルスとは大きく異なっていることが示された．宿主としてハクビシンが疑われたが，近年コウモリの一種がこのウイルスの宿主であるとする報告がされた．透過型電子顕微鏡写真（TEM）．

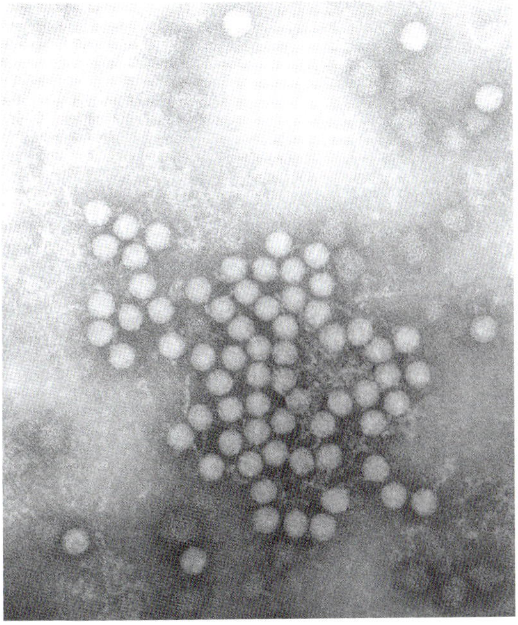
1.6.4

1.6.4 A型肝炎ウイルス

Hepatitis A virus

Group IV（1本鎖RNA＋鎖），ピコルナウイルス科ヘパトウイルス属．HAV（Hepatitis A virus）はヒトのA型肝炎の原因ウイルスである．エンベロープを持たず，正二十面体構造をしている．ウイルスで汚染されたものから経口感染する．腸で吸収され，血流によって肝臓に運ばれ，肝臓で増殖する．増殖したウイルスは胆嚢を通じて腸へ放出され，糞便とともに排泄されるため，患者の発生は衛生環境に影響されやすい．一過性の急性肝炎が主症状である．透過型電子顕微鏡写真（TEM），約11万倍．

1.6.5 ノロウイルス

Norwalk virus／Norovirus

Group IV（1本鎖RNA＋鎖），カリシウイルス科，ノロウイルス属．ノロウイルスはSRSV（小型球形ウイルス），あるいはノーウォーク様ウイルスNorwalk-like virusesという属名で呼ばれてきたウイルスである．エンベロープを持たず，正二十面体構造をしている．ノロウイルスはヒトに対して嘔吐，下痢などの急性胃腸炎症状を起こすが，その多くは数日の経過で自然に回復する．透過型電子顕微鏡写真（TEM），約14万倍．

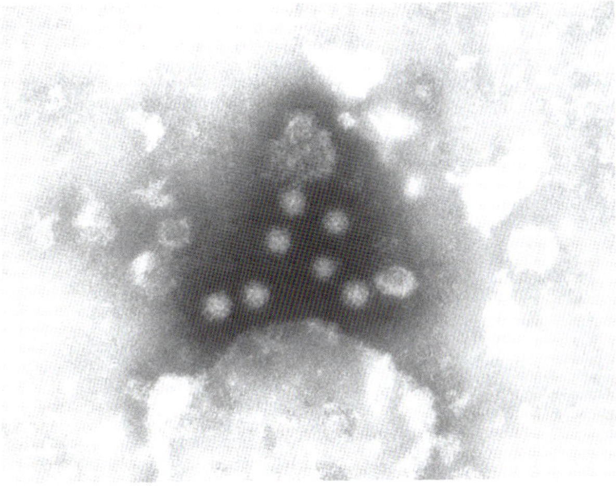
1.6.5

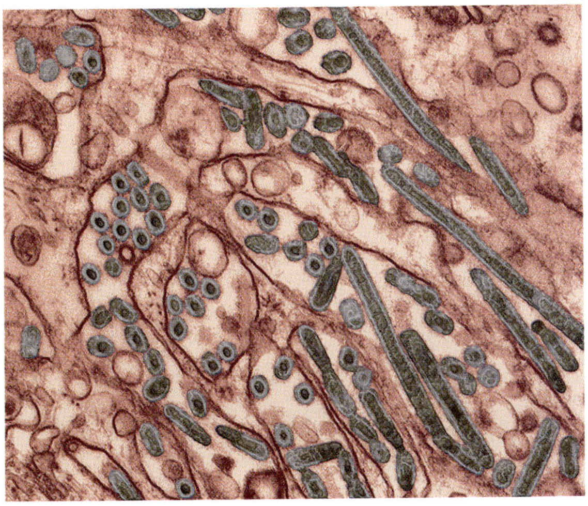
1.6.6

1.6.6 鳥インフルエンザウイルス

Avian Influenza virus（Influenza A virus subtype H5N1）

Group V（1本鎖RNA－鎖），オルトミクソウイルス科，A型インフルエンザウイルス属．H5N1型のウイルスは高病原性鳥インフルエンザ（Avian Influenza）の原因ウイルスである．写真のグレーの部分がウイルスで培養細胞中に増殖している．H5N1はコードしているH（ヘマグルチニン），N（ノイラミニダーゼ）の種類を表す．このH5N1型は基本的に宿主であるカモなどの鳥類の間で流行している．ヒトへの感染は，感染した鳥に接触した場合に起こり，死亡率はおよそ60％である．現在のところヒトからヒトへの感染力は確認されていないが，コードしているアミノ酸配列に変異が起きてこの能力を獲得した場合にはパンデミック（世界的な大流行）が起こる可能性を指摘されている．透過型電子顕微鏡写真（TEM）を着色加工した．

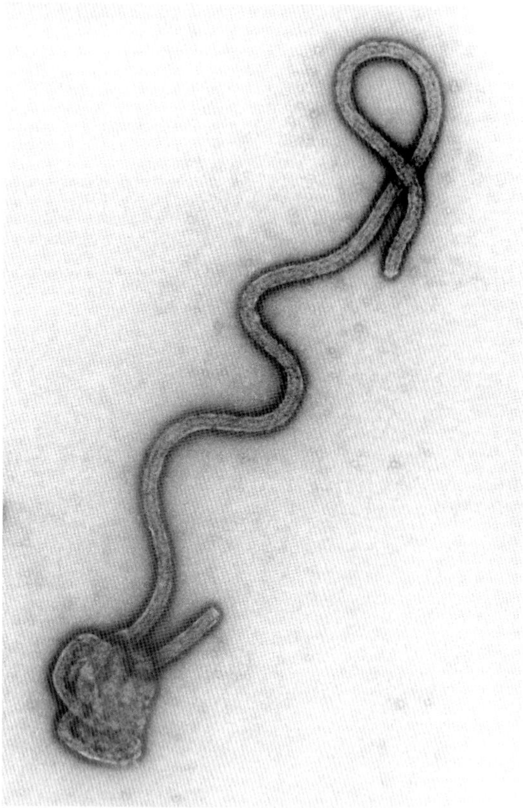

1.6.7

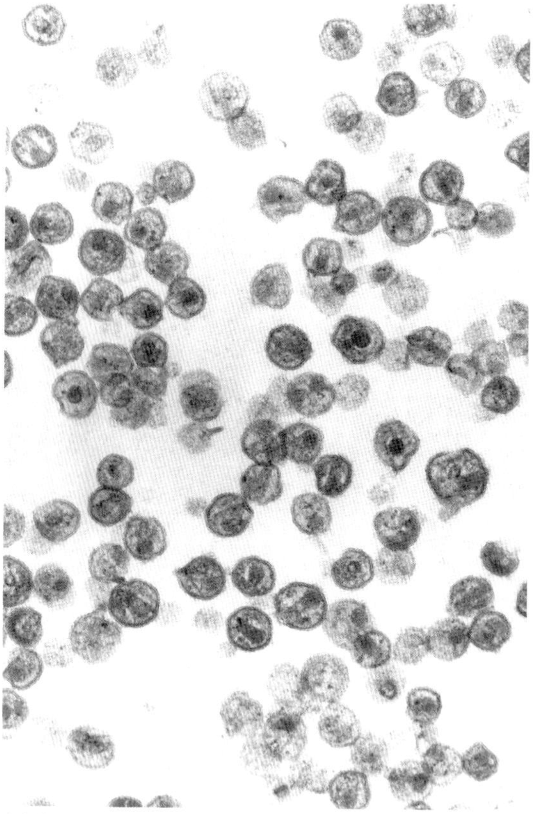

1.6.8

1.6.7 エボラウイルス

Ebolavirus

Group V（1本鎖 RNA－鎖），モノネガウイルス目，フィロウイルス科．エボラ出血熱の原因ウイルスであり，エンベロープに包まれた1本鎖 RNA－鎖を持つ．感染した細胞中で＋鎖の RNA が合成され，タンパク質に翻訳される．写真は一本のウイルスで，細長い紐状の形態を示すことが多い．アフリカ中央部および西アフリカで集団感染が確認されている．感染した場合の致死率は非常に高く，ウイルスの株にもよるが 50％から 90％とされる．ゴリラやチンパンジーも感染するがヒトと同様に終末宿主であり，自然界における宿主は不明であったが，近年コウモリの一種がこのウイルスの宿主であるとする報告がされた．透過型電子顕微鏡写真（TEM），約3万倍．

1.6.8 ヒト免疫不全ウイルス

HIV-1 virus

Group VI（1本鎖 RNA＋鎖），レトロウイルス科，レンチウイルス属．HIV-1（Human Immunodeficiency Virus type 1）は後天性免疫不全症候群（Acquired Immune Deficiency Syndrome, AIDS）の原因ウイルスの一つである．エンベロープに包まれた1本鎖 RNA－鎖を持ち，正十二面体構造を持つ．このタイプのウイルスは細胞内に進入すると RNA が逆転写酵素の働きにより DNA へ変換され宿主ゲノムに挿入される．ここから＋鎖の RNA が転写されタンパク質が翻訳される．透過型電子顕微鏡写真（TEM），約 3.5 万倍．

第2章
分子

ときには神秘的にさえ思える生命も，その構成物をひも解けば，地球上に存在している元素から成り立っているにすぎない．元素が組み合わさって分子を作り，さらにその分子が組み合わさって高分子を作り，これら生体高分子が組み合わさって生命を形作る．

DNA や RNA は核酸と呼ばれるが，これらは炭素，水素，窒素，酸素，リンから構成されている．分子レベルでは，塩基，糖，リン酸から構成される化合物である．これら核酸が鎖のように何個も重合することで，その配列が遺伝情報として意味を帯びてくる．

タンパク質を構成するアミノ酸は，炭素，水素，窒素，酸素，硫黄から構成されている．分子レベルでは，タンパク質はアミノ酸を最小構成単位としており，これらアミノ酸が重合して大きなタンパク質分子を形成している．アミノ酸の並びがタンパク質の立体構造を決定し，ひいてはその機能に影響を及ぼす．

これ以外に，生命体には非常に多くの低分子化合物が利用されている．それに加え，金属イオンや塩，いわゆる微量元素などが，生命の物質的な基盤を支えている．

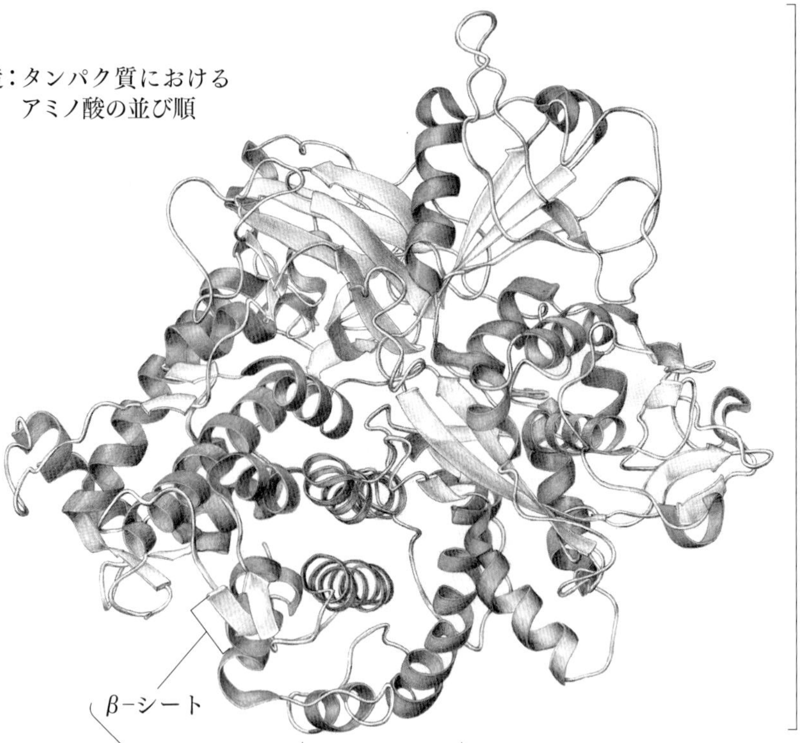

タンパク質の構造

タンパク質は，通常 20 種類のアミノ酸が，ひものようにつながってできている．アミノ酸同士の化学結合をペプチド結合と呼ぶ．タンパク質におけるアミノ酸の並び順を一次構造と呼ぶ．ひものようなアミノ酸の並びでできたタンパク質は，実際には複雑に折りたたまれて立体構造をとる．この立体構造のうち主鎖の構造を二次構造と呼び，らせん状の α-ヘリックスとひだ状の β-シートが，その代表例である．最終的に構成されたタンパク質の立体構造を三次構造と呼び，さらに，立体構造を形成した複数のタンパク質がよりそって形成された複合体の構造を四次構造と呼ぶ．これらタンパク質の立体構造は，X 線や核磁気共鳴法によって解析されている．

〈低分子〉

炭素	C	（灰色）
酸素	O	（赤色）
水素	H	（白色）
窒素	N	（青色）
硫黄	S	（黄色）
マグネシウム	Mg	（黄緑色）
リン	P	（橙色）

〈タンパク質〉

例：ヒトの m カルパイン（大サブユニット）

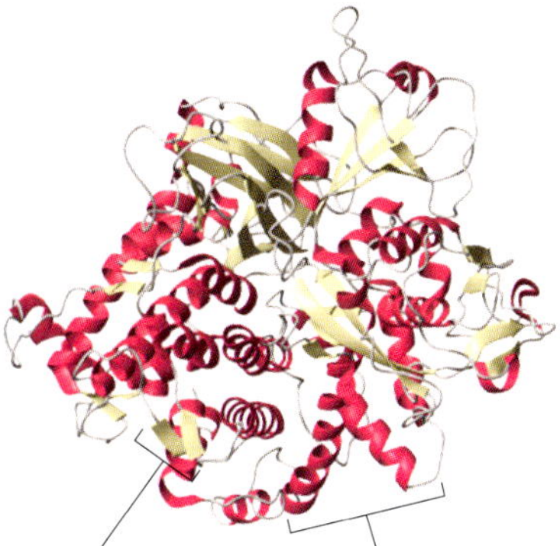

※ヌクレオソーム構造，コラーゲン，snare はタンパク質の単量体ごとに色分けして表したため，上図と異なる．

分子モデルの見方

本章にあげた化合物（ball and stick モデルで表したもの）については，その構成する元素を上図のように色分けして示した．また，タンパク質については，その二次構造がよくわかるような色分けを行った．ただし，ヌクレオソーム構造，コラーゲン，SNARE については，その構造物や構成タンパク質ごとに色分けして表したため，上図とは異なる．なお，立体構造がデータベースに登録されているものは，キャプションに pdb... の形で付記してある．

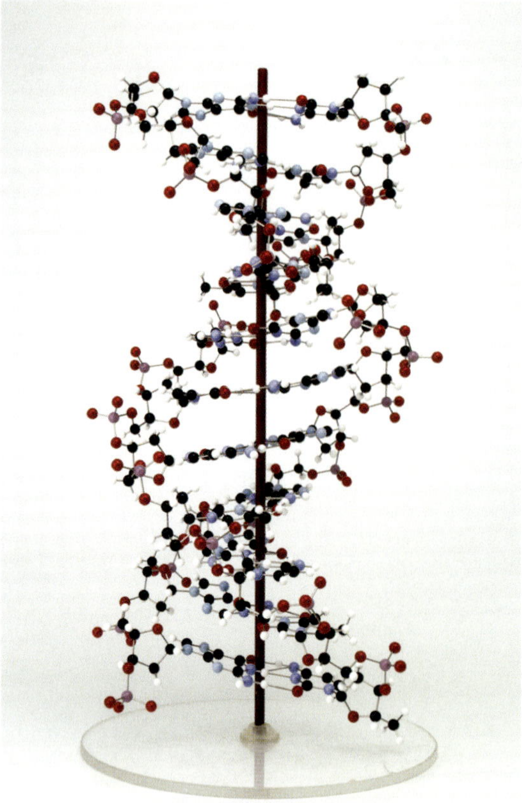

2.1.1

2.1.2

2.1.1 DNAの分子モデル

DNAは，リン酸，塩基，糖から構成される高分子有機化合物である．アデニン（A），シトシン（C），グアニン（G），チミン（T）の4種類の塩基から構成され，Aに対してはT，Cに対してはGが特異的に対合する．全体としては2本の鎖からなる二重らせんの構造をとる．

2.1.2 DNA

白く糸状に見えるものが，DNAである．
DNAはリン酸，デオキシリボース，塩基から構成される，長い鎖のような構造をした分子である．それぞれのDNAはアデニン，チミン，シトシン，グアニンのいずれかの塩基を含んでいる．DNAは染色体の構成成分である．2本の鎖が，二重らせん構造を形成する．このDNAの配列によって，遺伝子が規定されている．

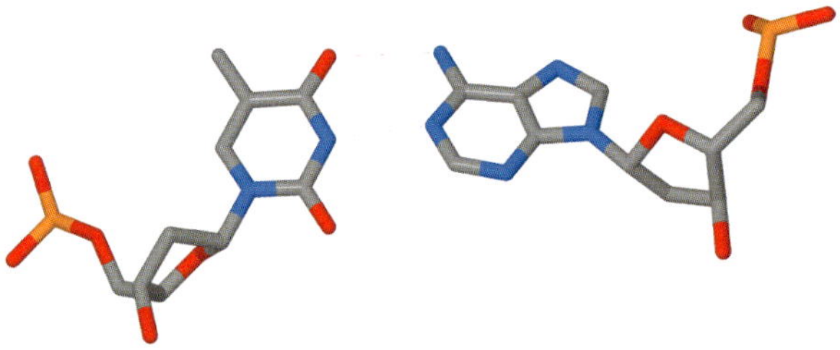

2.1.3

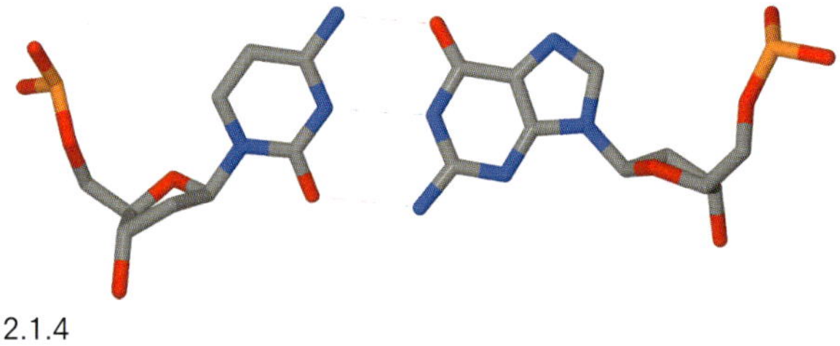

2.1.4

2.1.3・2.1.4 DNAのA–T塩基対（上）とG–C塩基対（下）のモデル

DNAの塩基対は，たがいに水素結合によって安定な構造を取っている．DNAを高温やpH変化にさらすと，DNAの二重らせん構造が崩れ，分かれて一本鎖DNAとなることがある．これを変性という．
A–T塩基対は，間に2個の水素結合を持つのに対し，G–C塩基対は間に3個の水素結合を持つ．したがって，G–C塩基対の数が多いDNA配列は，A–T塩基対を多く含むDNA配列よりも，変性に要する温度が高い．
pdb1bnaを改変，Jmol version 11にて作成．

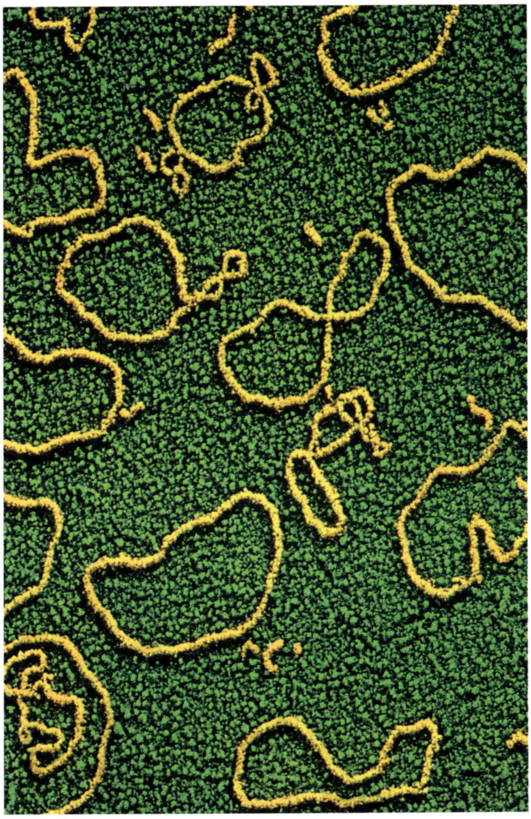

2.1.5

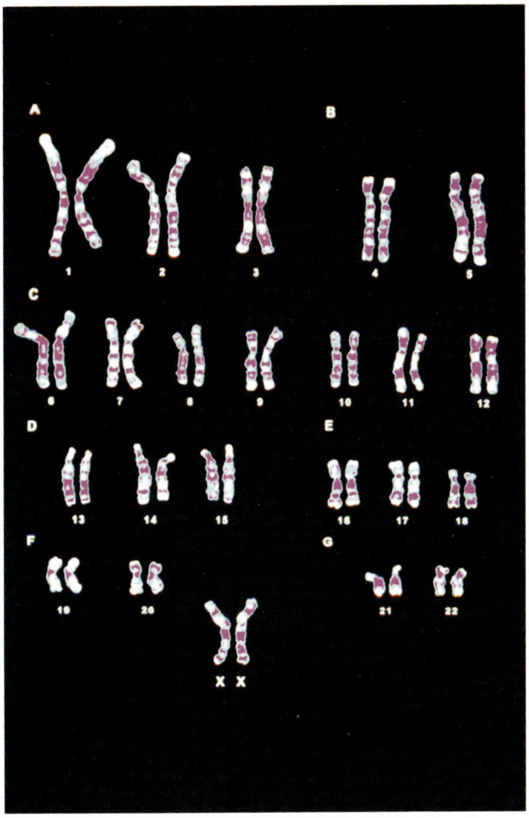

2.1.6

2.1.5 大腸菌のプラスミド

プラスミドは，バクテリアのゲノムとは独立して自律的に複製を行う小さな環状DNAである．遺伝子工学において，遺伝子のクローニングや発現のための材料として汎用される．この画像は，pBR322と呼ばれるプラスミドのものである．透過型電子顕微鏡で撮影の後，疑似的に着色したもの，約3万倍．

2.1.6 ヒト女性の染色体セット

ヒトの場合，女性は性染色体のセットがXX，男性はXYである．この画像の場合，性染色体がXXであることがわかる．この画像のように，細胞中の染色体を大きさや形でより分けられたものを，核型（karyotype）という．

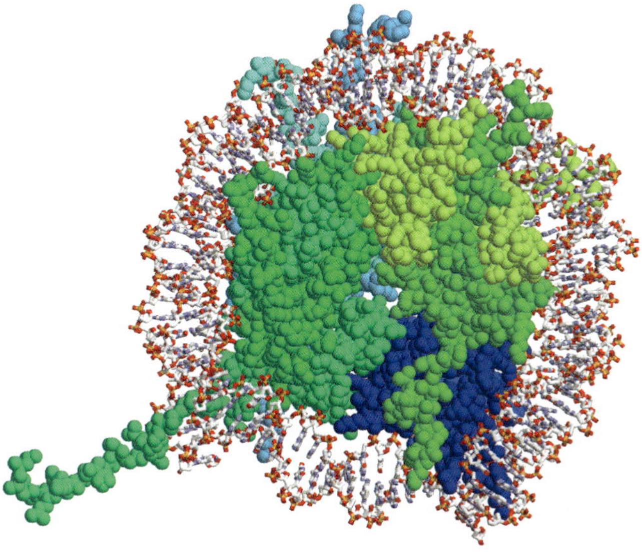

2.1.7

2.1.7 ヌクレオソーム

真核細胞の核内において，DNAはヒストンと呼ばれる塩基性タンパク質に巻きついた構造を取ることが知られている．これをヌクレオソーム構造と呼ぶ．この図にあるようにヒストンは複数のタンパク質から構成されるタンパク質複合体である．RasTop 2.2により作成．pdb1aoi.

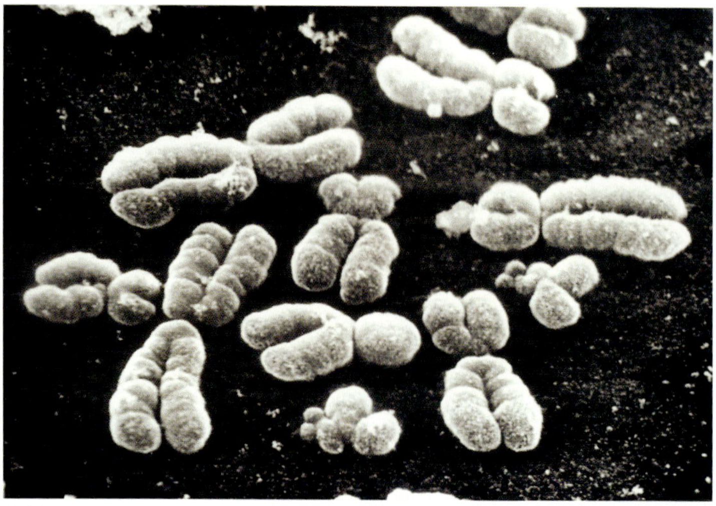

2.1.8

2.1.8 ヒト染色体

染色体は，生体内で遺伝情報を担うDNAが，ヒストンなどのタンパク質と結合することによって形成する構造物である．垂直方向から30度の角度をつけて観察することにより，立体的な撮影が可能となる．走査型電子顕微鏡にて撮影，950倍．

2.1.9 ショウジョウバエの唾液腺染色体

唾液腺染色体（Salivary gland chromosomes）は，ハエ，カなどの双翅目の唾液腺で見られる巨大な染色体である．細胞分裂を経ずに複製を繰り返し，複数のDNAコピーが束ねられた多糸染色体を形成している．そのため，通常の染色体と比べて巨大な構造をしている．

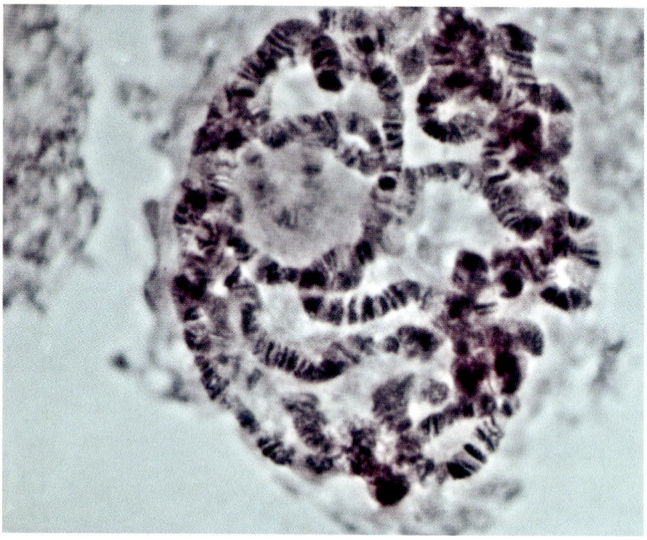

2.1.9

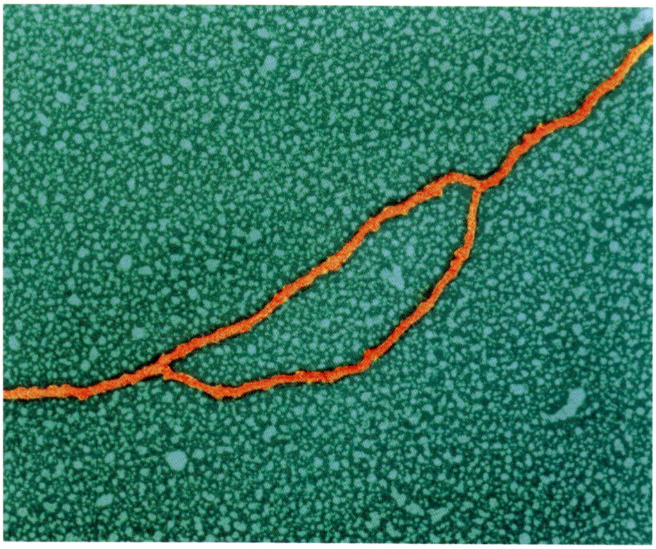

2.1.10

2.1.10 DNA複製時における複製バブルの形成

オレンジ色はDNAを表す．
画像中央にあるのが，複製バブルである．DNAは通常，安定な二重らせん構造を保っている．DNA複製時に，DNAの二重らせんがほどけて2本の一本鎖DNAになる．そのほどけた部分から，DNAの複製が進行していく．つまり，複製バブルはDNAの複製が行われている場所である．ヒトHeLa細胞を材料に，透過型電子顕微鏡で撮影の後，疑似的に着色したもの．

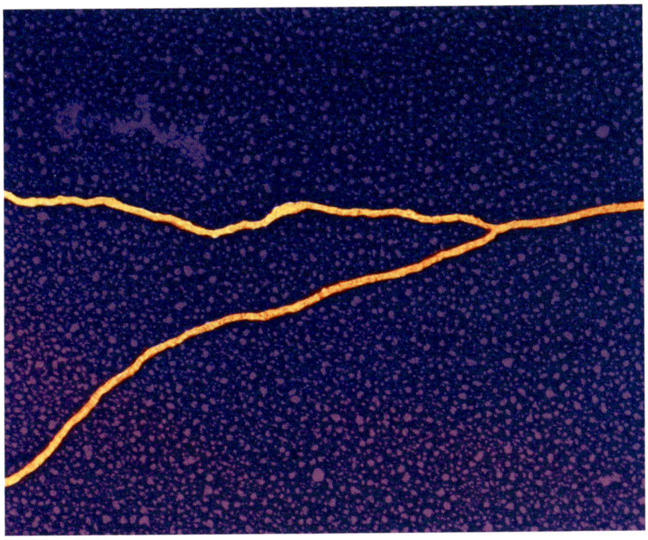
2.1.11

2.1.11 **DNA の複製フォーク**

複製バブルが大きくなると，複製フォークと呼ばれる構造になる．Y 字に見えているところでは，二重らせん構造がほどけており，そこから DNA の複製が進行している．ヒト HeLa 細胞を材料に，透過型電子顕微鏡で撮影の後，疑似的に着色したもの．

2.1.12 **大腸菌における遺伝子の転写と翻訳**

青は DNA，mRNA は赤，リボソームは緑で示してある．黒い部分は細胞質である．

RNA ポリメラーゼは DNA 鎖における転写開始点を認識し，その鎖に沿って動くことで，DNA 情報を mRNA に転写する．原核生物の場合，転写過程の mRNA に，すぐにリボソームが結合して翻訳が同時に進行する．透過型電子顕微鏡で撮影の後，疑似的に着色したもの．

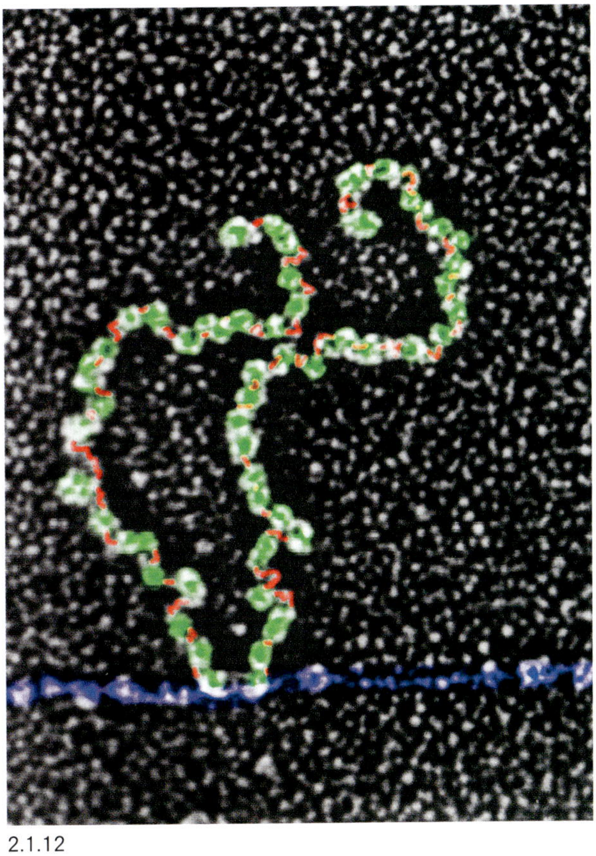
2.1.12

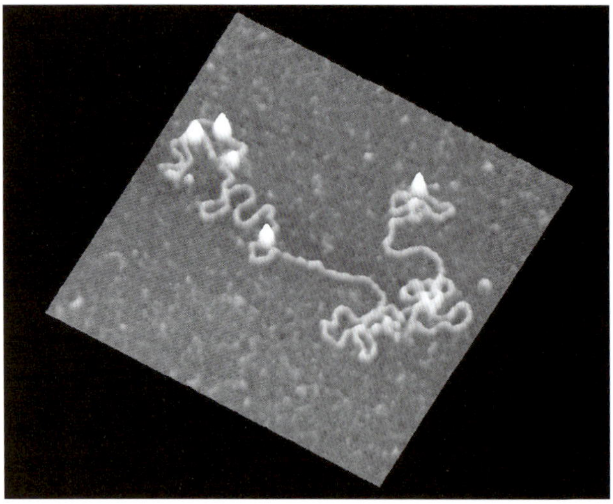

2.2.1

2.2.1 プラスミドDNAと酵素

ひも状のものはpRH3と呼ばれるプラスミドDNAであり，粒上に盛り上がっているものは制限酵素と呼ばれるタンパク質である．制限酵素は，DNAに結合し，DNAを切断する作用を持つタンパク質である．この図において，制限酵素タンパク質がDNAに結合していることがわかる．原子間力顕微鏡で立体的に撮影，約68000倍．

2.2.2 アミノ酸(アラニン)のD体（左）とL体（右）

タンパク質を構成する20種類のα-アミノ酸のうち，グリシン以外はすべて，光学異性体を有している．このうち，生物で用いられているα-アミノ酸のほぼすべてがL体である．Jmol version 11にて作成．

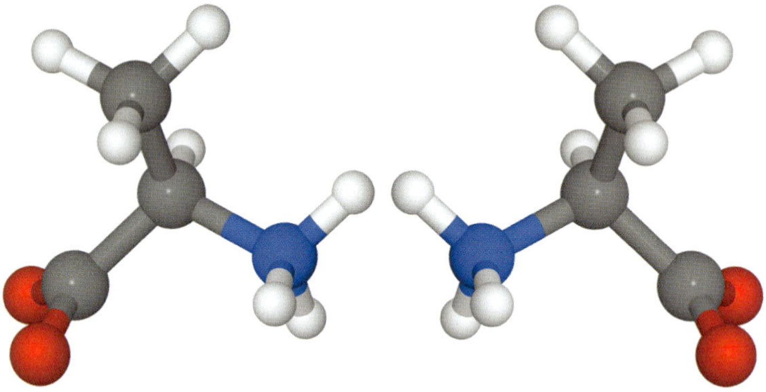

2.2.2

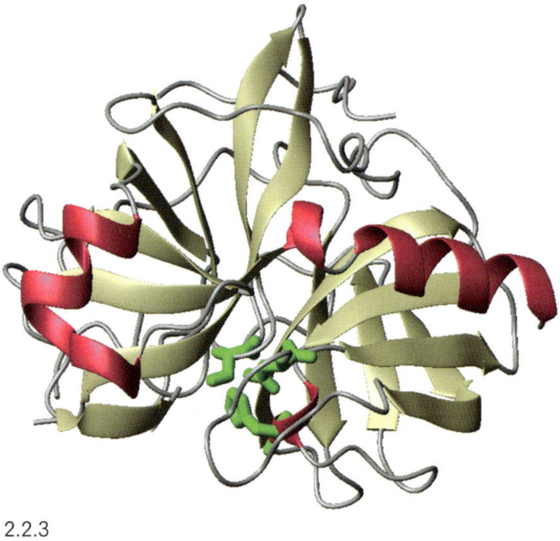

2.2.3

2.2.3 キモトリプシン

キモトリプシンは，膵臓で作られるタンパク質分解酵素である．この酵素の活性に重要な働きを持つ102番目のアスパラギン酸，57番目のヒスチジン，195番目のセリンの各アミノ酸を緑色で示している．この立体構造が酵素の活性に重要であるため，一般に酵素には最適pHや最適温度が存在する．MOLMOL（Koradi *et al.*, 1996）によって作成，pdb1AB9.

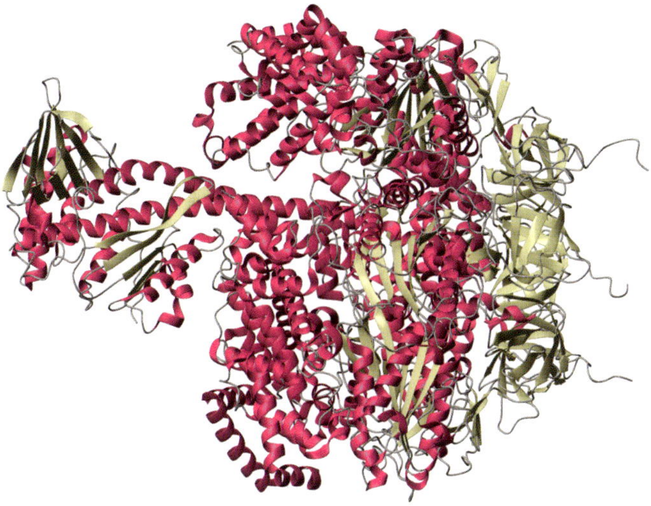

2.2.4

2.2.4 ATP 合成酵素

F 型 ATP 合成酵素は，ミトコンドリア内膜において，水素イオンの濃度勾配に伴う水素イオン輸送に共役して ATP を合成する酵素である．この酵素は，膜の中に存在する F_0 と呼ばれる部分と，膜の表面に存在する F_1 と呼ばれる部分に分かれる．この図は，F_1 の部分を示したものである．MOLMOL（Koradi *et al.*, 1996）によって作成，pdb1e79.

2.2.5 アクチン

アクチン繊維（3.1.5 参照）を構成するタンパク質である．このタンパク質の重合と脱重合により，アクチン繊維は頻繁に形を変えることができる．このタンパク質には ATP もしくは ADP が結合している．この図において，球状で示されている化合物が ATP である．MOLMOL（Koradi *et al.*, 1996）によって作成．

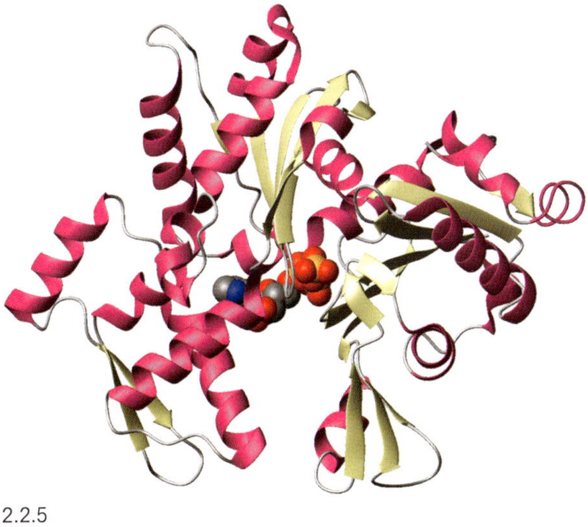

2.2.5

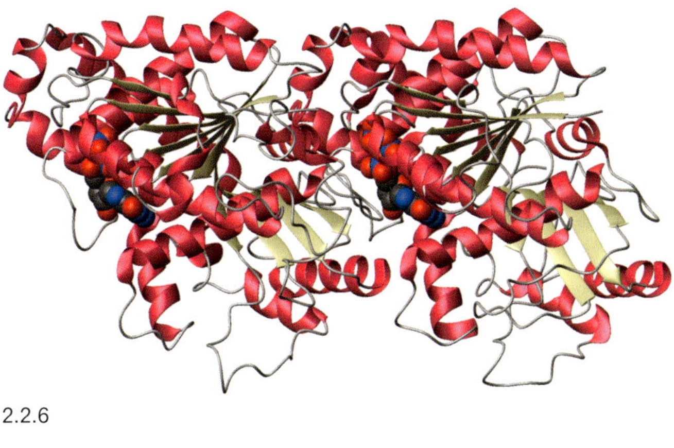

2.2.6

2.2.6 チューブリン

微小管を構成するタンパク質である．この図にあるように，右にあるα-チューブリンと，左にあるβ-チューブリンが結合した二量体が，このタンパク質の構成単位である．

チューブリンには，GTP や GDP が結合している．この図において示される球状の化合物がそれである．MOLMOL（Koradi *et al.*, 1996）によって作成，pdb1JFF.

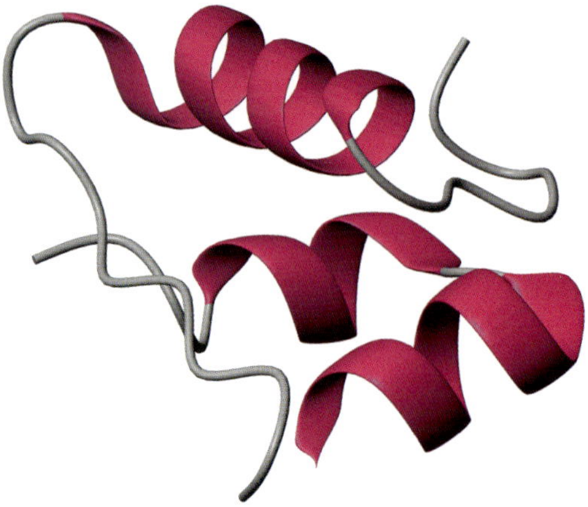

2.2.7

2.2.7 インスリン

インスリンは，血糖値を下げる際に働くペプチド性のホルモンである．膵臓のランゲルハルス島β細胞から分泌され，血中を通って標的細胞まで到達する．いったん，不活性型の前駆体タンパク質として翻訳され，その後，タンパク質分解酵素によって切断を受け，活性型タンパク質となる．この図は活性型である．MOLMOL（Koradi *et al.*, 1996）によって作成，pdb9INS.

2.2.8 コラーゲン繊維の三重らせん構造

コラーゲン繊維は，細胞外基質に属する繊維状のタンパク質である．皮膚や骨の主成分はコラーゲンであり，それ以外にも，コラーゲンは私たちの体のいたるところに存在する．コラーゲン線維は，三つのコラーゲンが三重に巻きついた形の構成単位を取る．これらが更に化学的に結合することにより，太いコラーゲン線維が作られる．MOLMOL（Koradi *et al.*, 1996）によって作成，pdb1BKV.

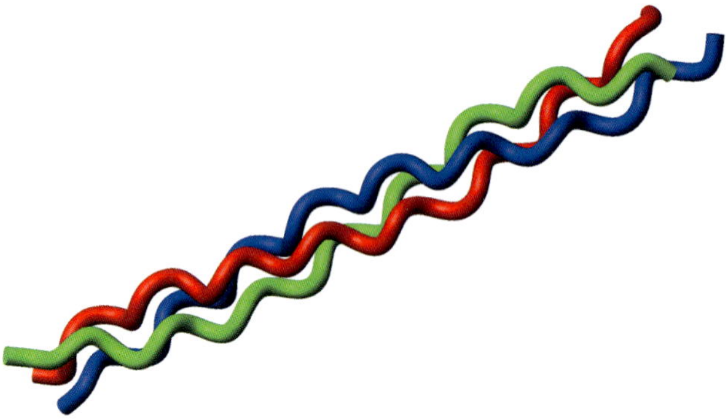

2.2.8

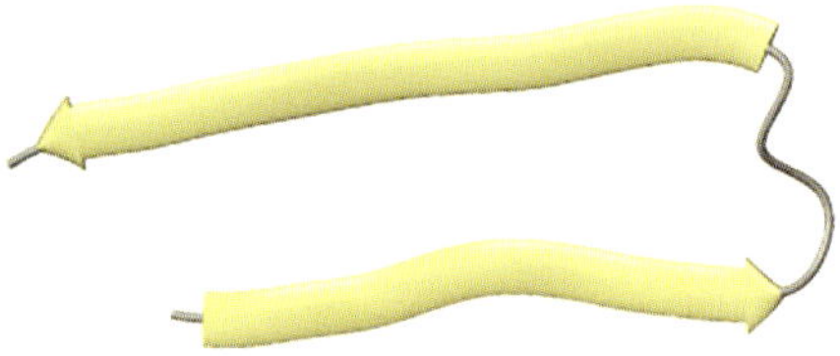

2.2.9

2.2.9 ベータアミロイドタンパク質（Aβ42）

アルツハイマー病患者では，脳内に老人斑（アミロイドプラーク）と呼ばれる構造物が形成される．βアミロイドタンパク質は，老人斑の主要構成タンパク質である．MOLMOL（Koradi *et al.*, 1996）によって作成，pdb2BEG を改変．

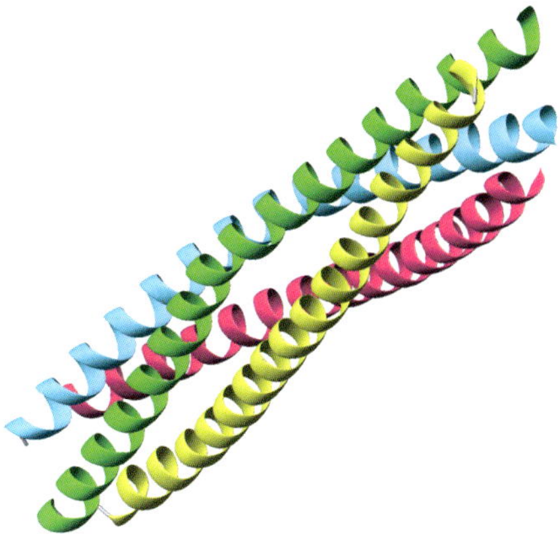

2.2.10

2.2.10 SNAREタンパク質

細胞内における膜成分や分泌タンパク質などの輸送には，輸送小胞と呼ばれる構造体が用いられている．輸送小胞の表面にあるSNAREと呼ばれるタンパク質が，輸送小胞の行き先を決定している．MOLMOL(Koradi *et al.*, 1996）によって作成，pdb1GL2.

2.2.11 アミラーゼ

アミラーゼは，デンプンに作用して二糖類のマルトースを遊離させる酵素である．この反応は高い基質特異性，反応特異性を持ち，たとえばセルロースのような多糖類に作用したり，反応後にグルコースを遊離させることはない．図はヒトの唾液のアミラーゼ．MOLMOL（Koradi *et al.*, 1996）によって作成，pdb1C8Q.

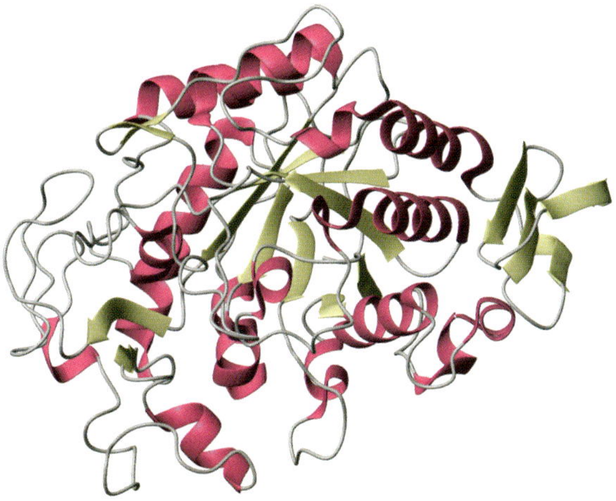

2.2.11

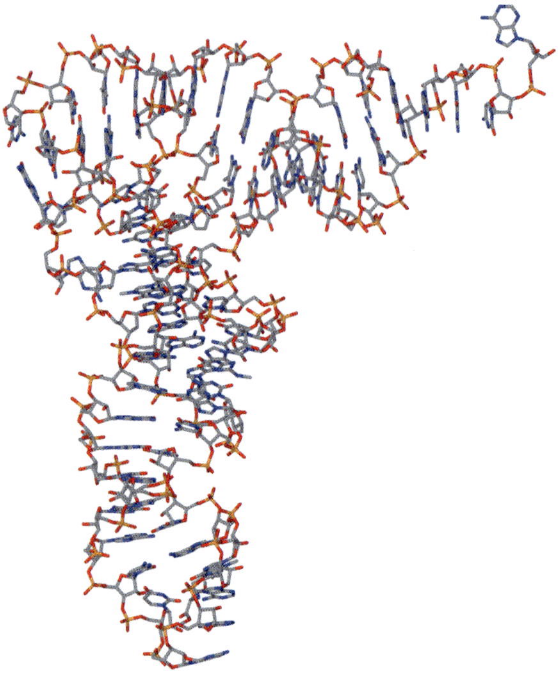

2.3.1

2.3.1 トランスファーRNA

遺伝子の複製過程においては，リボソーム上でmRNAの情報をもとにアミノ酸がつながっていくが，トランスファーRNA（tRNA）はmRNAの核酸配列を三つ組に区切ってできる遺伝暗号（コドン）にしたがって，アミノ酸をリボソームに運搬する役割を果たす分子である．Jmol version 11にて作成，pdb1evv.

2.3.2 リボザイム

RNAはDNAと同様に核酸の仲間で，G，A，U，Cの四つの塩基から構成される．DNAと異なり，RNAは一本鎖であると考えられるが，図のように分子内でG–A，U–Cの対合と形成し，全体で立体構造をとるものがある．このように特殊な立体構造をとったもののうち特別なものは，タンパク質のように酵素活性を持つものが見られる．これをリボザイムと呼ぶ．Jmol version 11にて作成，PDB1MME.

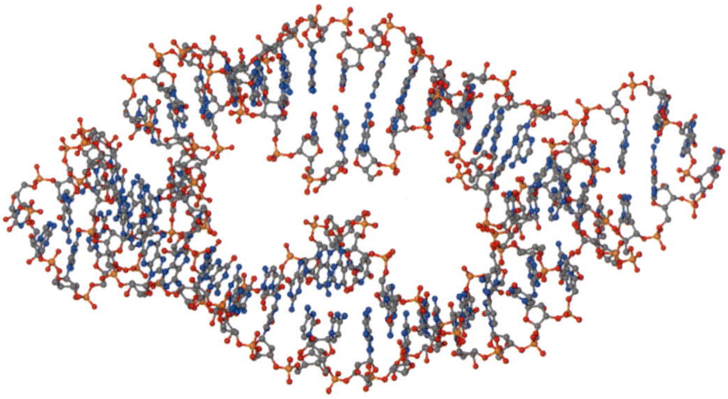

2.3.2

2.3.3 ATP

$C_{10}H_{16}N_5O_{13}P_3$

ATPは，原核生物，真核生物を問わず，生体内に普遍的に存在する化学物質である．リン酸部位の加水分解で多くのエネルギーが得られる．生物はこのATPに蓄えられた化学エネルギーを様々な活動に利用する．このため，ATPはエネルギー通貨と呼ばれることがある．化合物の構造としては，RNAに属する．Jmol version 11にて作成．

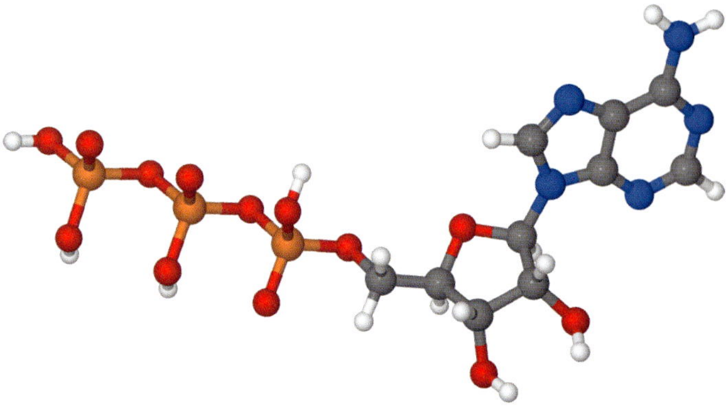

2.3.3

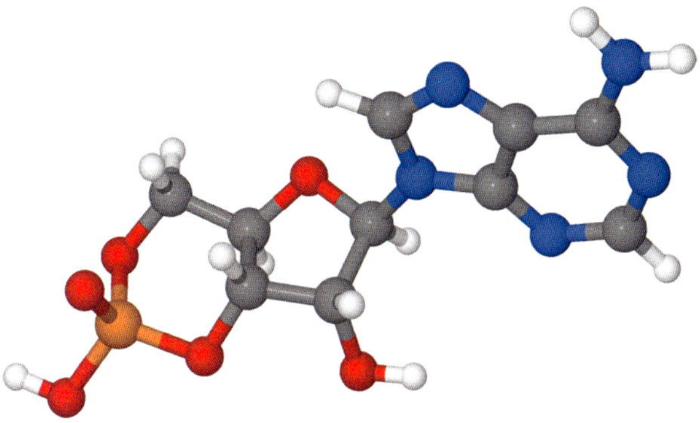

2.3.4

2.3.4 cAMP

$C_{10}H_{12}N_5O_6P$

cAMPは，アデニル酸シクラーゼという酵素によってATPから合成される．細胞内におけるシグナル伝達において，セカンドメッセンジャーとしてシグナルを下流に伝える働きを持つ．Aキナーゼの活性化はその一例である．Jmol version 11にて作成．

2.3.5 アセチルCoA

$C_{23}H_{38}P_3N_7O_{17}S$

補酵素A（Coenzyme A）と呼ばれる物質のSH基にアセチル基が結合したものである．主に代謝におけるクエン酸回路で重要な働きを示す化合物である．クエン酸回路はTCA回路とも，また発見者の名前を冠してクレブス回路とも呼ばれる．Jmol version 11にて作成．

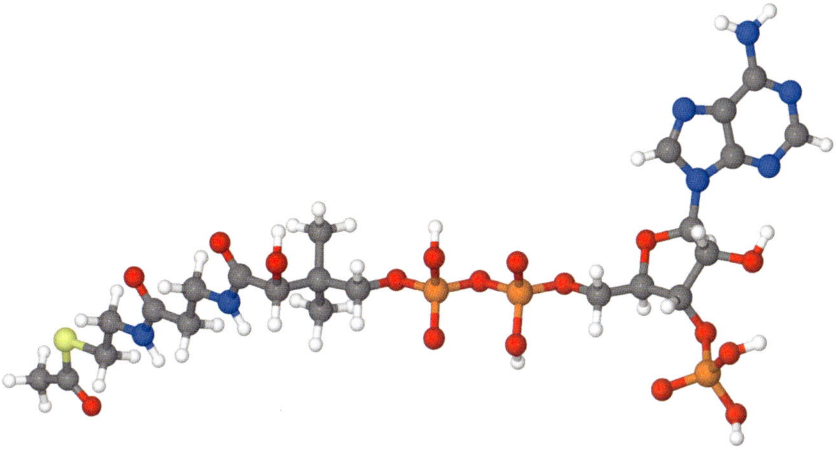

2.3.5

2.3.6 リン脂質

グリセロールの三つの水酸基のうち，二つに脂肪酸が結合し，残りの一つにリン酸を介して様々な化合物が結合している．脂肪酸の部位は疎水性，リン酸部位は親水性であるため，リン脂質は両親媒性の性質を持つ．Hellerら（1993）を参考．Jmol version 11にて作成．

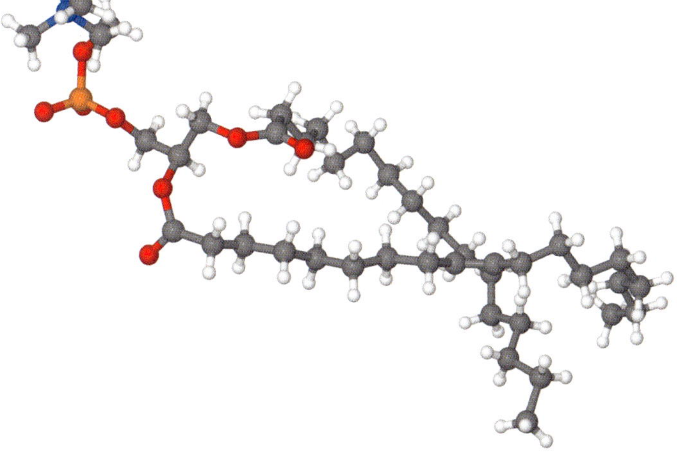

2.3.6

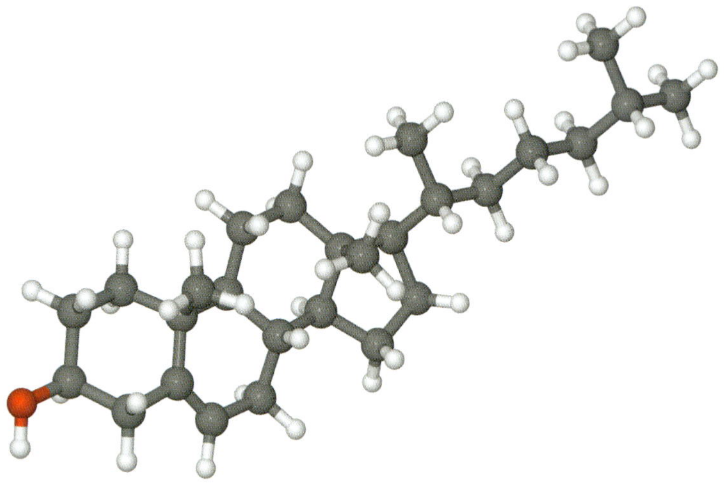

2.3.7

2.3.7 コレステロール

$C_{27}H_{46}O$

コレステロールは，真核細胞の膜を構成する脂質の約 1/4 を占めている化合物である．また，女性ホルモン，男性ホルモンなど，ステロイドホルモンの基本骨格としても，重要な役割を占めている．Jmol version 11 にて作成．

2.3.8 クロロフィル *a*

$C_{55}H_{72}MgN_4O_5$

光合成において，日光からのエネルギーを一時的に保持する．この分子の中心にはポルフィリン環と呼ばれる部位があり，それがマグネシウムをとり囲んでいる．ポルフィリン環における電子の構成が，太陽エネルギーをクロロフィルが吸収するのを可能にする．Jmol version 11 にて作成．

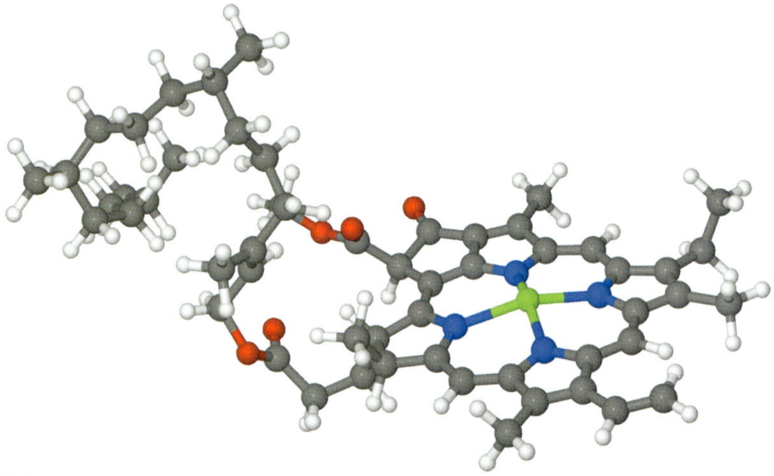

2.3.8

第3章
細 胞

生命の基本単位は細胞である．細胞は細胞膜で囲まれた小さな構造体であり，その形や大きさはさまざまである．生命の最も単純な形は単細胞であるが，ヒトなど高等生物では多くの種類からなる数十兆個もの細胞からできた巨大な集合体であり，それぞれの細胞は固有の役割を果たしている．生命とは何かを考え，生命のしくみを知ろうとすればまず細胞を対象に研究しなければならない．

17 世紀に顕微鏡が発明されてはじめて細胞を見ることが可能になったが，フックによって発見された「細胞」は実際には植物の細胞壁であった．その後の観察から細胞がすべての生体の構成単位であることが認識され，1838 年に植物学者シュライデンが植物の体は細胞からできていると提唱し，翌年，動物学者シュワンが動物の体も細胞でできているとし，すべての細胞はすでに存在する細胞から生まれるという考えができあがり，細胞説が確立した．

中央に核を有する真核細胞と，核を持たない原核細胞とに大きく分かれる．動物，植物，菌類など複雑な多細胞生物はすべて真核細胞を持つ．ここでは主に真核細胞の細胞内構造を見る．

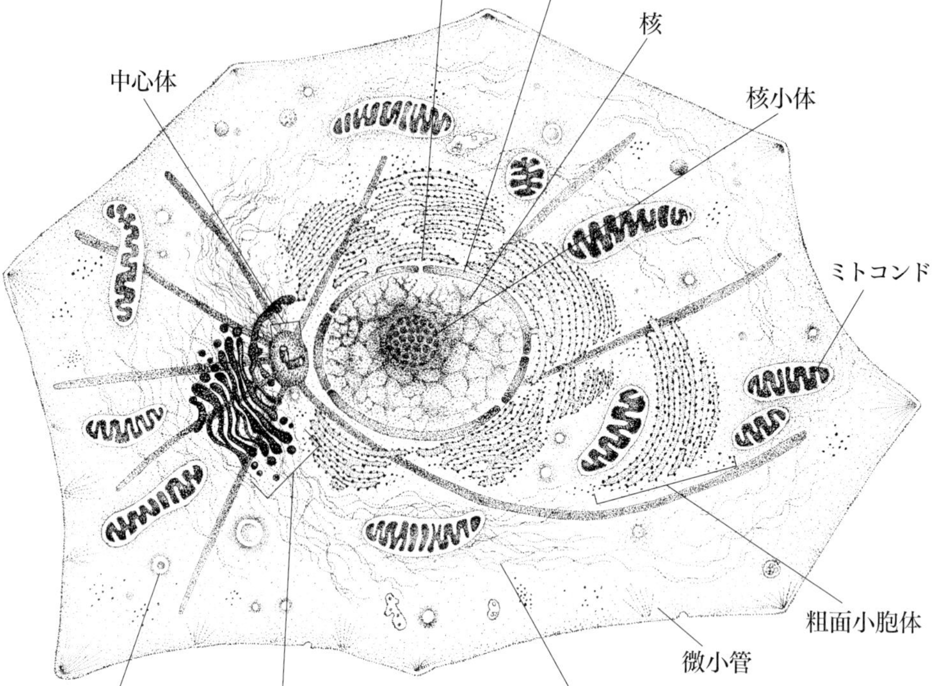

真核細胞の模式図

光学顕微鏡レベルで核，染色体などは観察されていたが，さらに電子顕微鏡によって細胞内の微細な構造が明らかになった．細胞膜は細胞の内部から外界を隔て，遺伝物質DNAは核膜に囲まれて存在する．小胞体やゴルジ体はタンパク生合成・輸送に関連し，ミトコンドリアはエネルギー生産の中心である．さらにアクチンや微小管などの細胞骨格は細胞内の運動・輸送を制御する．

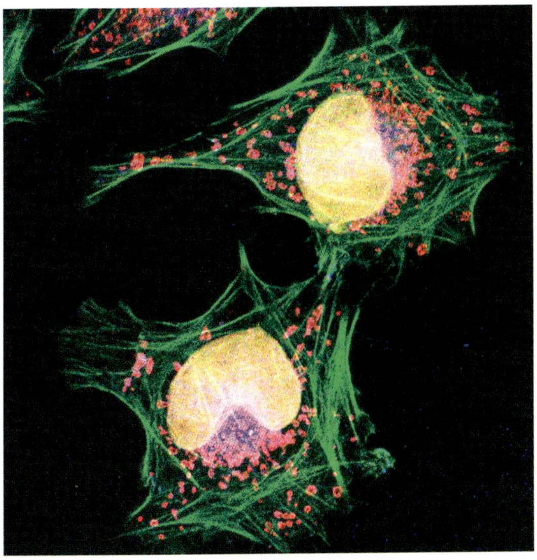

3.1.1

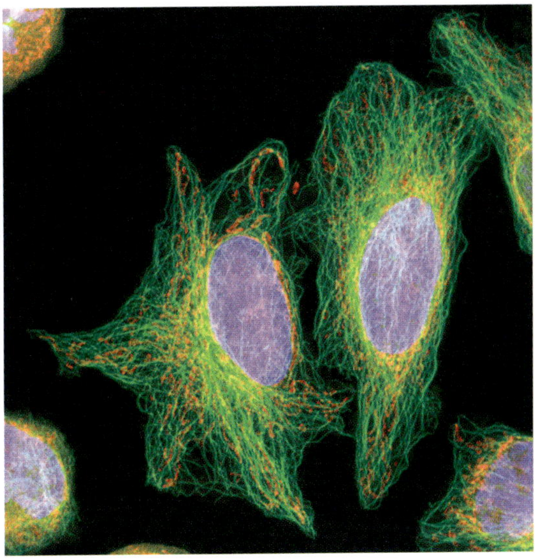

3.1.2

3.1.1 HeLa 細胞 a

細胞核（細胞の遺伝情報を含む）は黄色，ミトコンドリア（細胞のエネルギーを作る）は桃色で示す. アクチン繊維（細胞骨格の一部をなす）は緑色．細胞骨格は細胞の形を維持するだけでなく，細胞運動や細胞内物質輸送も行う．
HeLa 細胞は連続的に培養可能なヒトの癌細胞株で，研究室で育ち，広く生物学，医学研究に広く使用されている．

3.1.2 HeLa 細胞 b

細胞核（細胞の遺伝情報を含む，図中で紫色），微小管（細胞骨格を形成する，図中で緑色）が見られる．共焦点光学顕微鏡像.

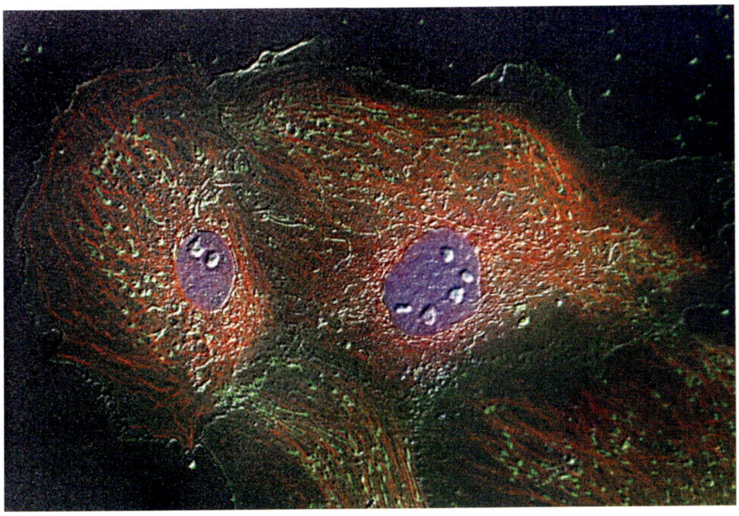

3.1.3

3.1.3 上皮細胞

ハナナガネズミカンガルー（*Potorous tridactylis*）の腎細胞の蛍光画像を，微分干渉顕微鏡像と重ね合わせたもの．DNA，細胞骨格微小管，ミトコンドリアが見られる．

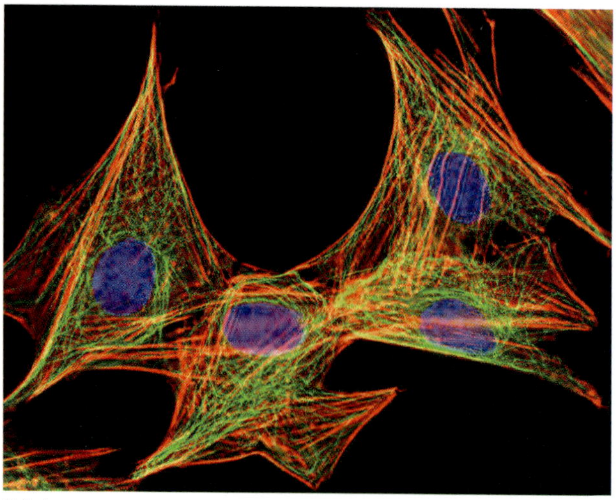

3.1.4

3.1.4 培養細胞

ハムスター腎細胞（baby hamster kidney, BHK）の蛍光顕微鏡像.
微小管（緑色），ミクロフィラメント（赤色），核（青色）が見られる．細胞骨格は細胞の形を維持する骨格であるばかりでなく，ダイナミックな変化により細胞運動の主要な担い手である.

3.1.5 アクチン繊維とミオシン繊維

密なバンドのアクチン繊維とミオシン繊維がたがいに入り込んだ構造．未固定筋を液体ヘリウムで急速凍結，割断した．ミオシン繊維とアクチン繊維の間の架橋がはっきりと見える．軸に沿う周期性がアクチン繊維に見られる.

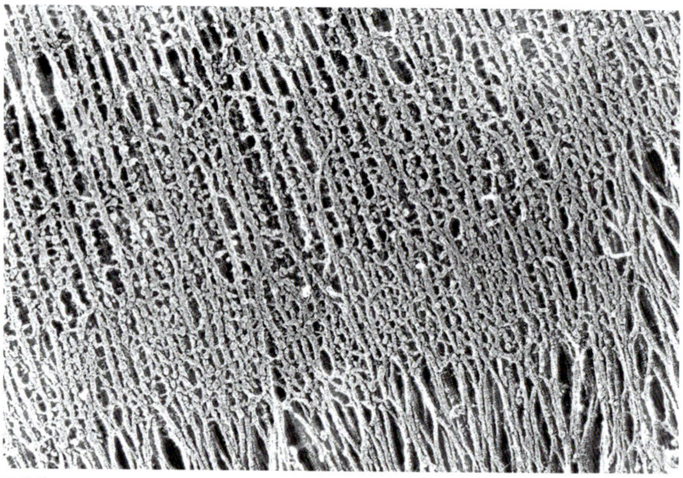

3.1.5

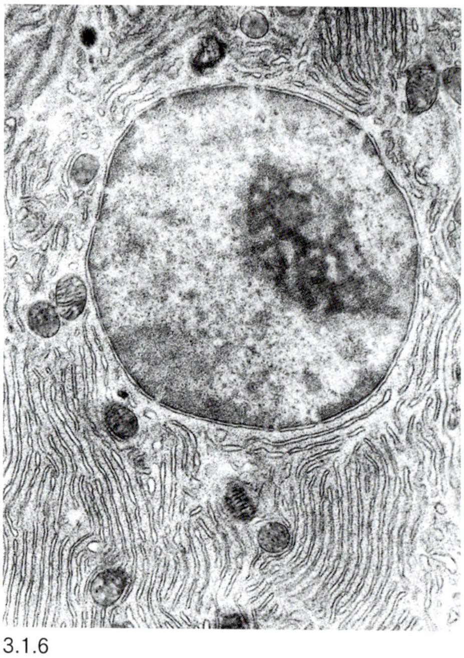

3.1.6

3.1.6 核

膵臓の腺房細胞の核と周囲の細胞質の電子顕微鏡像.
核小体，凝縮したクロマチン，ミトコンドリア，粗面小胞体，核膜が見られる.

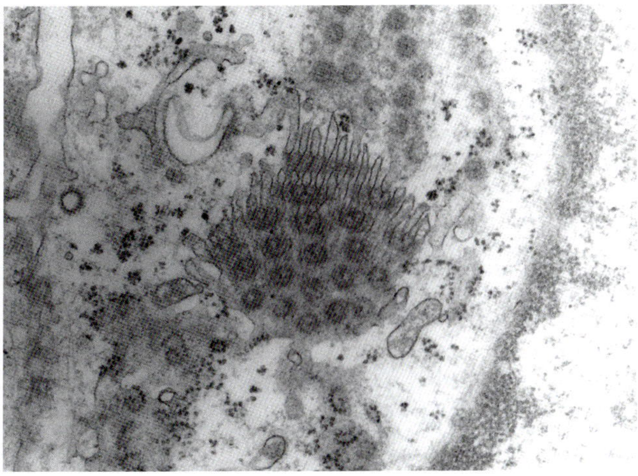

3.1.7

3.1.7 核膜

腎細胞の透過電子顕微鏡像.
核膜は細胞の遺伝物質を含む核を包んでいる. 湾曲した二重膜（濃い灰色）が右, 丸い核膜孔が中央と右上部に, また核内容物も見える. 核膜孔は巨大分子が核と周囲の細胞質を活発に通過できるようにしている.

3.1.8 核と細胞質

透過電子顕微鏡像を着色.
写真の左⅓くらいに核膜（中央を左上から横切る緑の二重膜）に囲まれた核が見られる. 核膜孔は核膜の間の途切れとして見られ, 核―細胞質間物質輸送の通路となる. 細胞内膜構造（赤色で囲まれた黄色）の中にゴルジ体, 細胞内小胞など見られる.

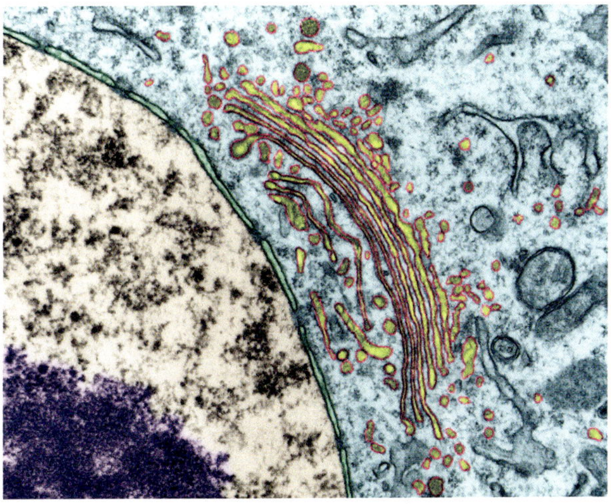

3.1.8

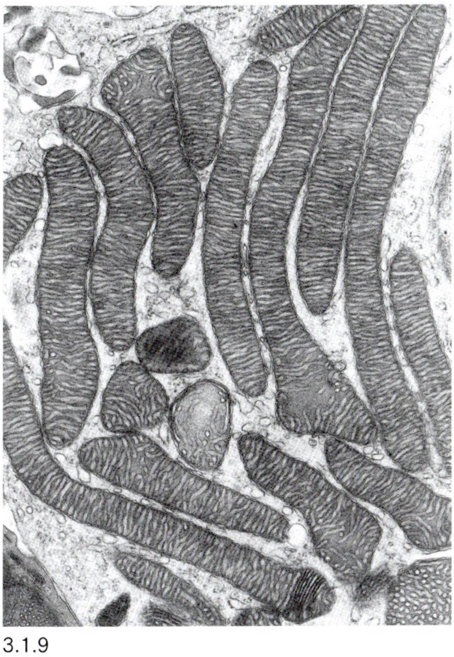

3.1.9

3.1.9 ミトコンドリア a

ハムスターの副腎皮質の細胞の一部.
ミトコンドリアは糖と脂肪を燃焼して細胞にエネルギーを供給する. ほとんどの細胞に存在し, 固有の DNA を持ち, 自律的に複製する. ミトコンドリアは原始細胞に侵入して共生するようになった寄生細菌に起源があると考えられている.
管状の内襞は, 精巣のライディヒ細胞, 黄体細胞, そして副腎皮質などのステロイド分泌細胞によく見られる. 長いミトコンドリアの内部は, 一定の直径の, 分枝しない, 全長にわたる管状の襞（クリステと呼ばれ, 呼吸が行われる）で占められ, ここに示した副腎皮質のミトコンドリアの中でよく発達している. また, その管状構造は横断された円状の形体を示す部分で明らかである.

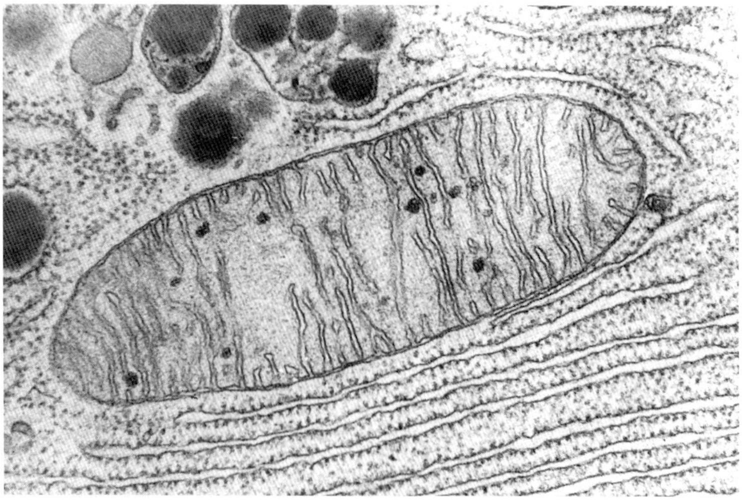

3.1.10

3.1.10 ミトコンドリアb

ヒト膵臓腺房細胞のミトコンドリアの透過電子顕微鏡像.
クリステを持つミトコンドリアが一つ観察される. このほかに粗面小胞体, 分泌顆粒も見られる.

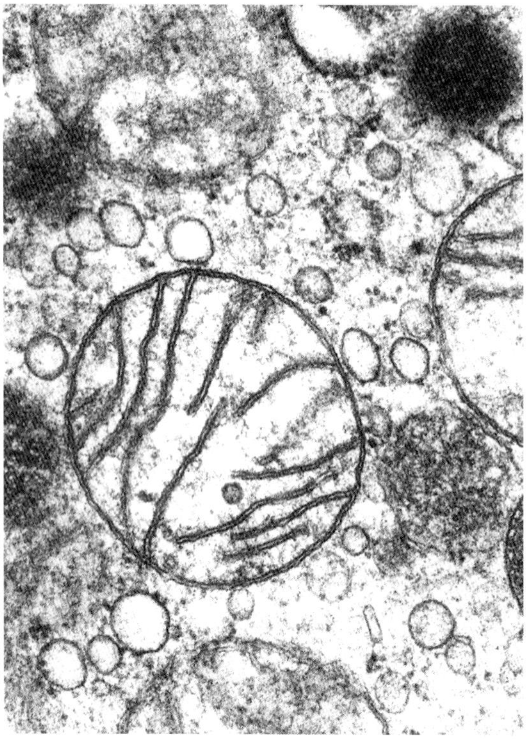

3.1.11

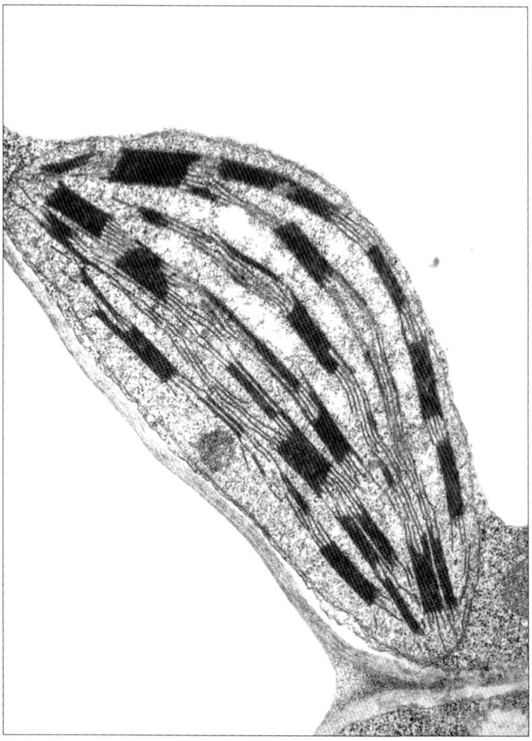

3.1.12

3.1.11 ミトコンドリアc

マウス腎細胞のミトコンドリアの透過電子顕微鏡像.
大きな円は一つのミトコンドリアの切断面である. 外側の膜と多くの内側の膜（クリステ）に注目.

3.1.12 葉緑体

コリウス（*Coleus blumei*）の葉緑体の透過電子顕微鏡像.
葉緑体は植物細胞における光合成の場である. 光合成は, クロロフィル色素が光エネルギーを吸収し, 化学反応により二酸化炭素から糖を合成するまでの過程である. 葉緑体にはチラコイドと呼ばれる扁平な袋状膜構造が存在し, クロロフィル色素はこの中に蓄えられている. 短いチラコイドが重なった構造をグラナと呼ぶ. 葉緑体内部で白く抜けている部分は葉緑体 DNA を含み, 核様体と呼ばれる.

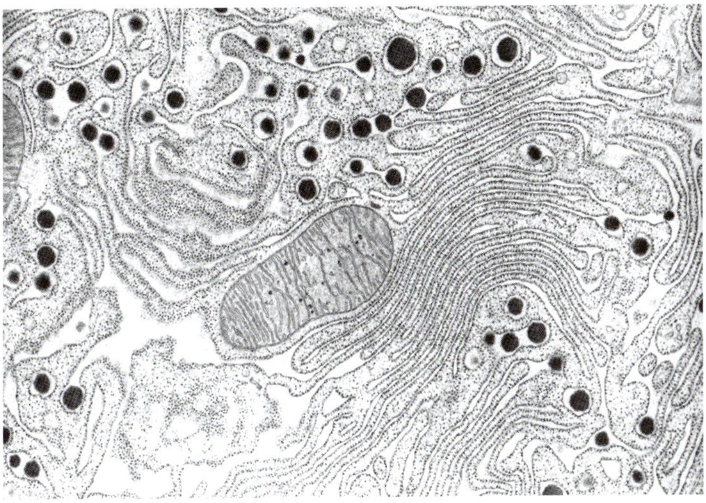
3.1.13

3.1.13 小胞体

コウモリの膵臓細胞の透過電子顕微鏡像.

屈曲した膜に囲まれた構造が小胞体である. 黒い球状体は生合成された分泌タンパク質で, 小胞体ではない. 中央にミトコンドリアも見える.

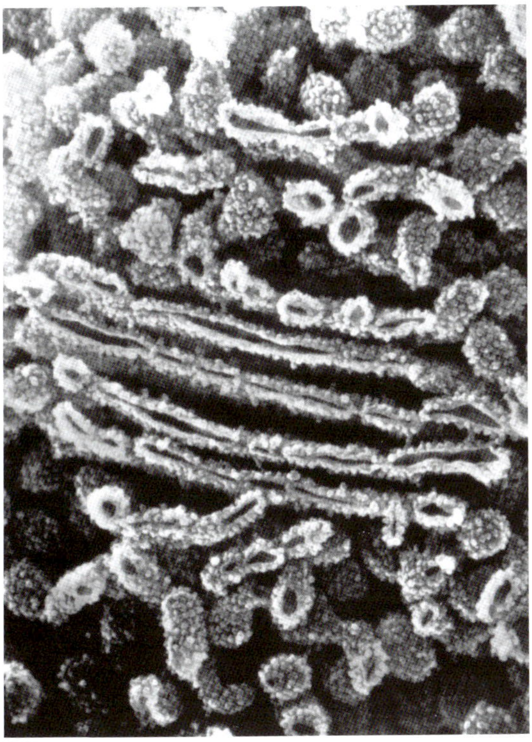
3.1.14

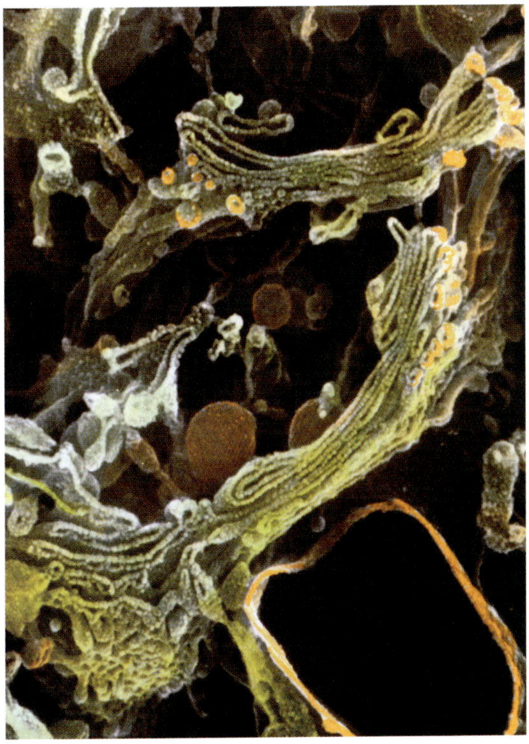
3.1.15

3.1.14 粗面小胞体

膵臓の腺房細胞の走査電子顕微鏡像を着色.

粗面小胞体（ER）は細胞質にあるシート, 管状構造, 平らな嚢状構造を作る折りたたまれた膜のネットワークで, 特定の酵素で制御される生化学反応を行う場である. ER 膜の表面には多くのリボソーム（小球）があり, タンパク質合成に関与する. リボソームは ER に顆粒状の外見を与え, これが粗面小胞体の名前の由来である. 滑面小胞体(この写真では見えていない）はリボソームを持たず, 脂質代謝に関係する.

3.1.15 ゴルジ装置

嗅球細胞（嗅覚をつかさどる）のゴルジ装置の走査電子顕微鏡像を着色.

ゴルジ装置は扁平な, たがいに連結されている膜でできた嚢からなっている（中央右, 上中央）. ゴルジ装置は細胞の中での化合物合成の場である. 化合物は嚢の辺縁の膨らみに包みこまれ, 引きちぎれ出芽して小胞となる（小さな黄色の球）. ゴルジ装置はタンパクや脂質も集める.

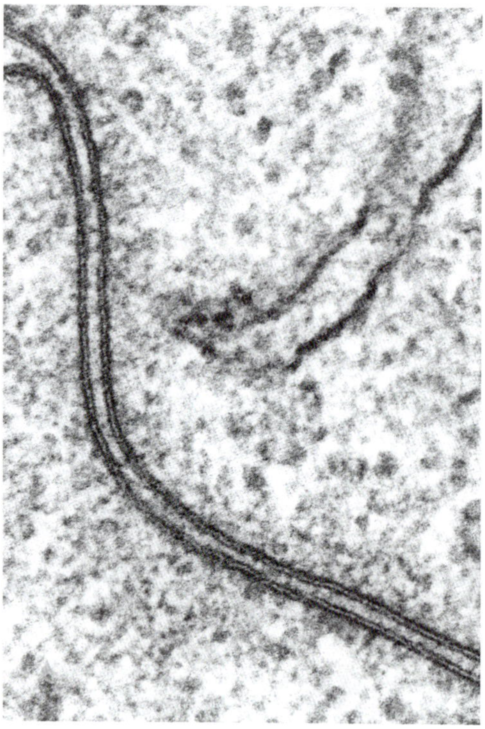

3.1.16

3.1.16 細胞膜 a

接する二つの細胞の細胞膜の透過電子顕微鏡像.
二つの細胞膜が見え，それぞれ二重膜であることが観察できる.

3.1.17 細胞膜 b

2 細胞間の細胞膜の透過電子顕微鏡像.
細胞膜がそれぞれの細胞を取り囲み，2 細胞の間に細胞間隙が見られる.

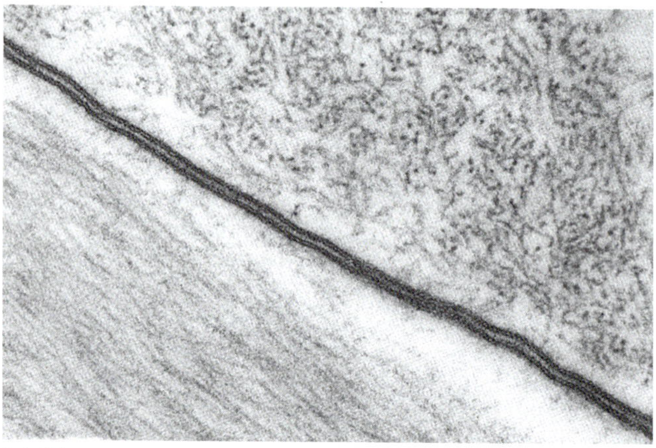

3.1.17

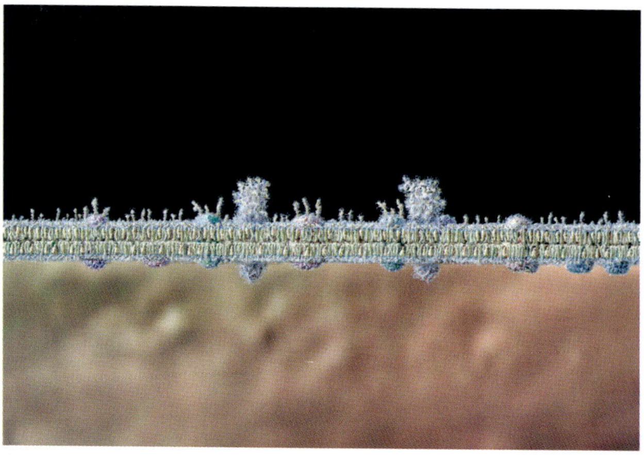

3.1.18

3.1.18 動物細胞膜構造（模式図）

細胞膜を切断し，中心をとおる水平面で見たもの.
細胞膜は細胞内（茶色）を細胞外（黒色）から隔てている．動物細胞膜はリン脂質分子から成り立っており，リン脂質分子は水をはじく脂質のしっぽ（黄色）と水を引きつけるリン酸エステルの頭(青色)を持つ．これらの相反する性質のため，しっぽどうしが向き合ったリン脂質の二重層が水の中で安定することを示す．この二重層に埋め込まれている膜タンパク質(図中で隆起して見える)が化学物質を感知したり，物質の通過をコントロールする.

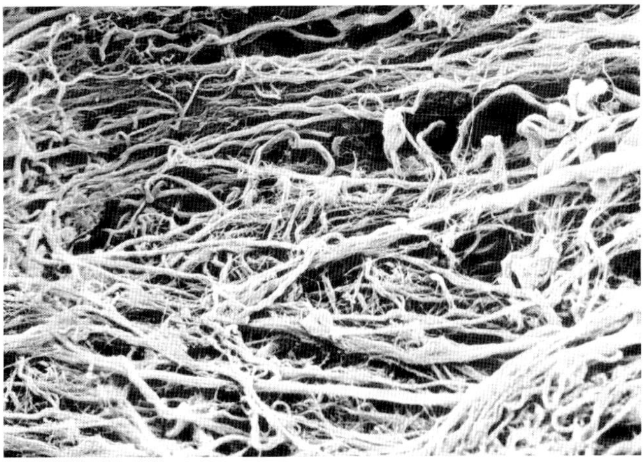

3.1.19

3.1.19 コラーゲン繊維

走査電子顕微鏡像．

基本単位となるコラーゲンタンパク質が繊維状に重合して形成される．各種の細胞から分泌され，哺乳類では最も大量に存在するタンパク質である．細胞外基質を形成し，細胞に対する接着分子としての役割を果たす．

3.1.20 上皮細胞接着複合体

細胞間の接着は zonula occludens（ZO），zonula adherens（ZA），macula adherens（デスモソーム）と呼ばれる三つの要素からなる．ZO（別名タイトジャンクション）は帯状に存在し，接着する膜は融合し細胞間隙はほとんど消失する．ZA，デスモソームは，25nm の細胞間隙で隔てられている．膜の細胞質側に付随する密な斑にトノフィラメントが集積している．

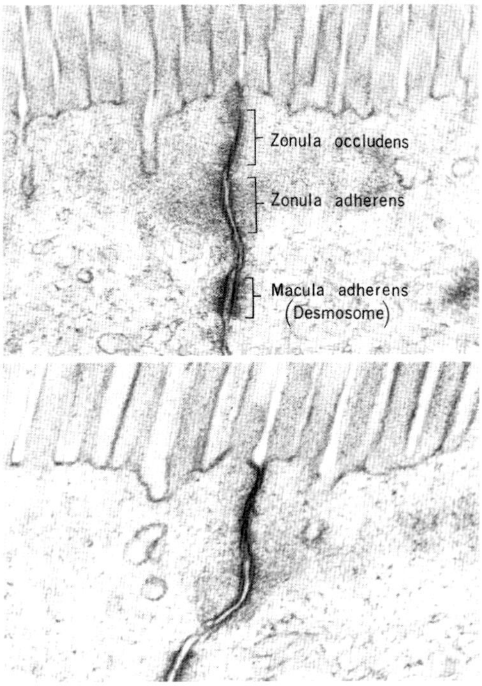

3.1.20

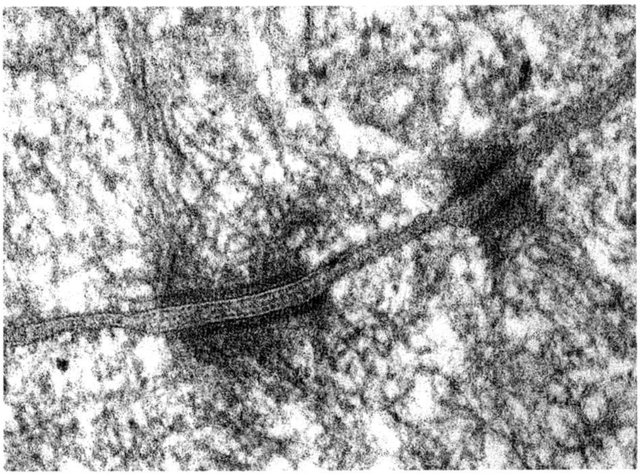

3.1.21

3.1.21 デスモソーム

上皮細胞のデスモソーム（濃い領域）と呼ばれる二つの細胞結合部位を含んだ断面の透過電子顕微鏡像．デスモゾームは上皮細胞間に最もよく見られるタイプの結合で細胞接着点を形成する．濃い斑（黒）は膜の直下に接着点を裏打ちして見られる．細い繊維がこの斑から両側の細胞質に伸びている．デスモソームは機械的なストレスに耐えなければならない皮膚などの組織によく見られる．

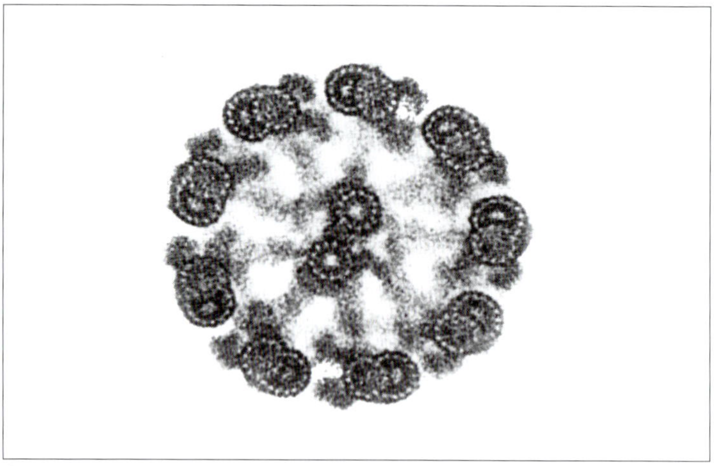

3.1.22

3.1.22 精子細胞の尾部

繊毛と鞭毛．精子の尾部の顕微鏡像．円上に配置した9本の（2本つながったような）特殊な微小管と，その中心に存在する2本の普通の微小管からなる．ダイニンがその特殊な微小管の間に介在している．これらが自転車の車輪やスポークのような構造になっている．

3.1.23

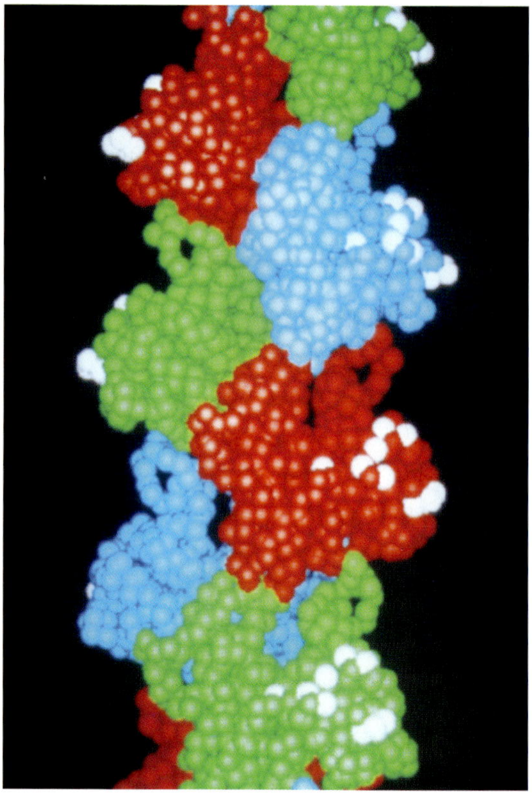

3.1.24

3.1.23 アクチン（模式図）

一つ一つの球状物が球状アクチン（単量体）で，これらが線上に長く結合，2本らせん状になったものが繊維状アクチン（多量体）である．

3.1.24 アクチンタンパク質（模式図）

アクチンの重合体である繊維状アクチンのアクチン単量体分子を示すコンピューター空間充填模型．見やすくするために各アクチン単量体を異なる色で示してある．各アミノ酸残基を2.7Å の球で示してある．筋肉細胞ではアクチンは細い繊維の一部を形成し，太いミオシン繊維と繰り返し相互作用して筋収縮の基礎となるすべり運動を引き起こす．白い球はミオシンと架橋するアミノ酸残基を示す．F-アクチン繊維の構造はX線線維回折と呼ばれる技術で決定された．

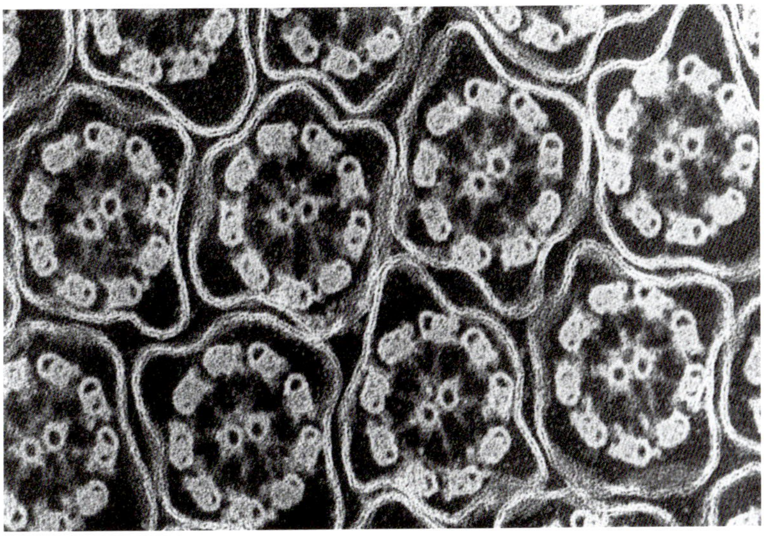
3.1.25

3.1.25 繊毛 a

繊毛の横断像．
繊毛（と鞭毛）は細胞からの突起であり，微小管でできている．これらは，細胞そのものを動かすか，または物質を細胞の内または周囲に動かすために作られている．哺乳類における繊毛の第一の目的は液，粘液などを細胞表面上を動かすためである．繊毛と鞭毛は同じ（微小管９本＋２本の）細胞内構造を持ち，主な違いはその長さである．

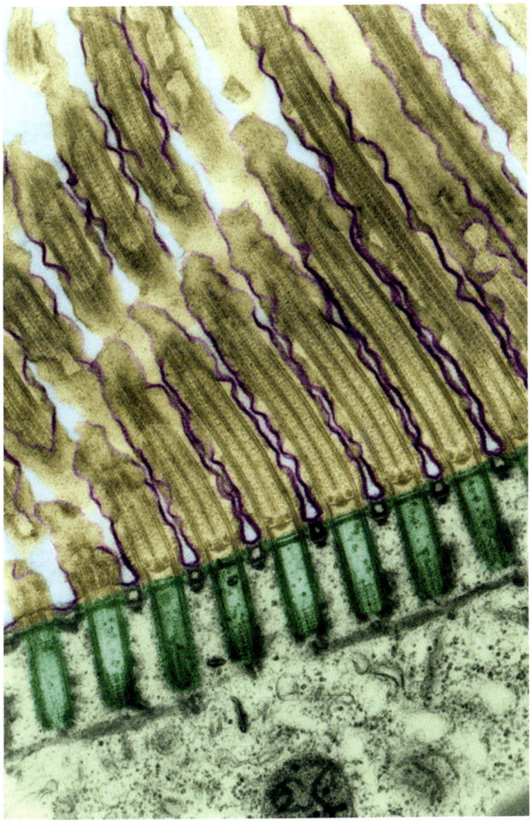
3.1.26

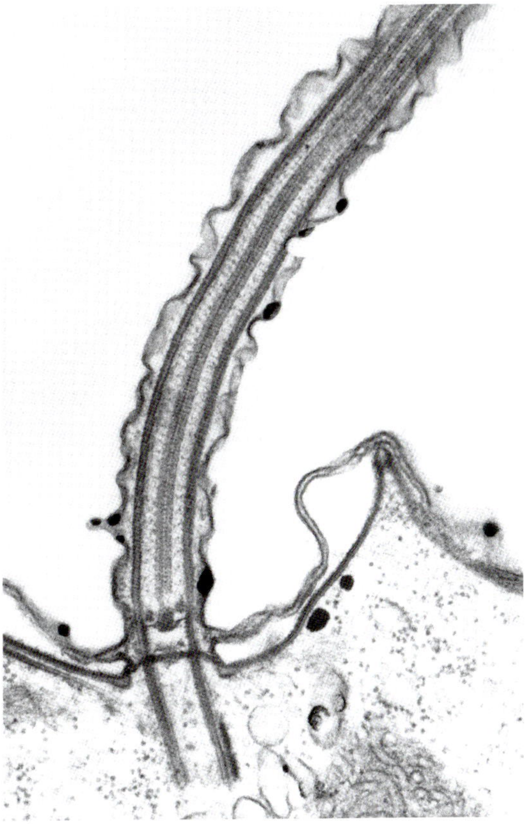
3.1.27

3.1.26 繊毛 b

ゾウリムシ繊毛の電子顕微鏡像を着色．
10 本ほどの繊毛（紫色で囲まれた部分）の中にチューブリンからなる微小管が長軸方向に見える．微小管はベーサルボディと呼ばれる細胞内の部分（緑色）に連続している．

3.1.27 繊毛 c

繊毛の長軸断面像．繊毛（と鞭毛）は細胞体からの突起である．動く繊毛は一方向にむち打ち運動をし，物体を細胞の周囲で動かす．哺乳類細胞の繊毛の第一の目的は液体，粘液などを表面上で動かすことである．

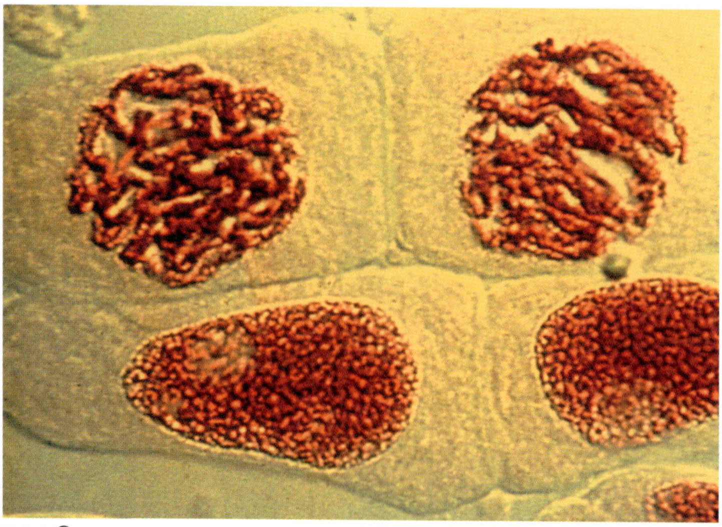

3.2.1 ①

3.2.1 ツリガネスイセンの有糸分裂

①間期〜前期．下の２つの細胞は間期にあり細胞分裂の間の状態である．核は大きくなり内部が凝集しつつある．上の２つの細胞は前期である．この段階ではオレンジ色の糸状の染色体がみられ，細胞分裂により二つの娘細胞に分かれるまでこの染色体はより太く短くなる．

②前期．個別の染色体を見分けることができる．前期では染色体は太く短くなり紡錘体と呼ばれる管状の構造が見られるようになる（この写真では見られない）．紡錘体はのちにそれぞれの染色体を分け，二つの娘核を形成するのに使われる．

②

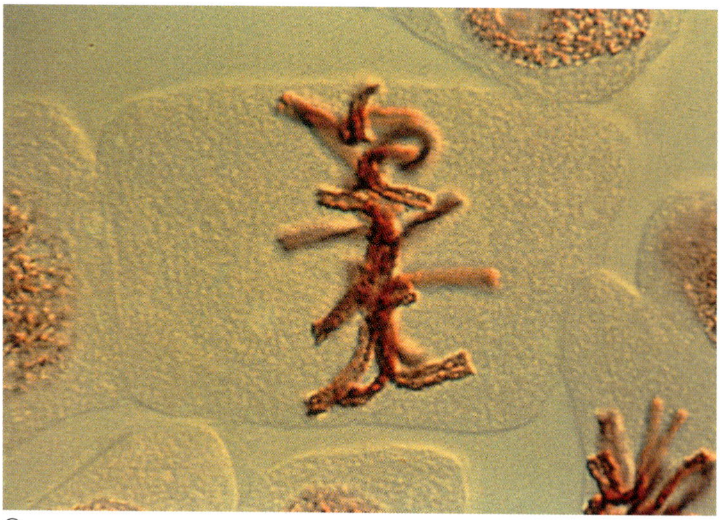

③

③中期．オレンジ色で糸状に見えるのが染色体．紡錘体と呼ばれる構造物が染色体に結合する．紡錘体はこの細胞では見えていないが細胞の左右の両端から細胞全体に伸びており，次の段階では娘染色体を細胞の両端に引き離し，二つの娘核が形成されていく．

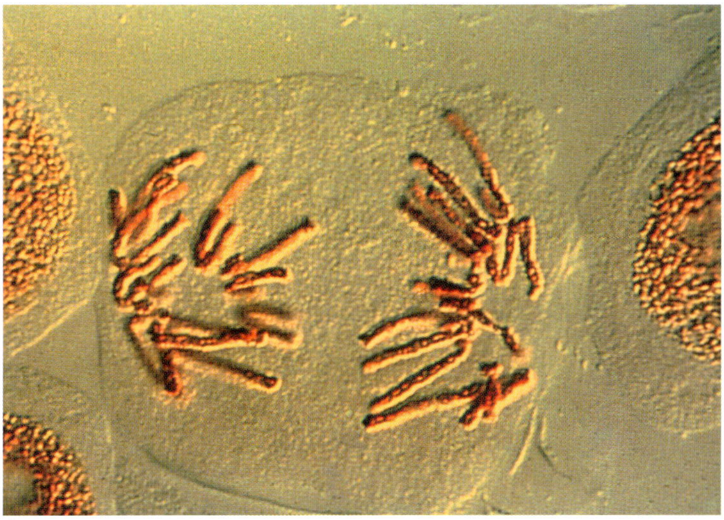
④

④・⑤後期．各娘染色体は二つに分けられ細胞の両端に紡錘体によって引っ張られている．紡錘体は見えていない．二つに分かれた染色体はそれぞれ娘核を形成し核膜でその周囲がおおわれる．

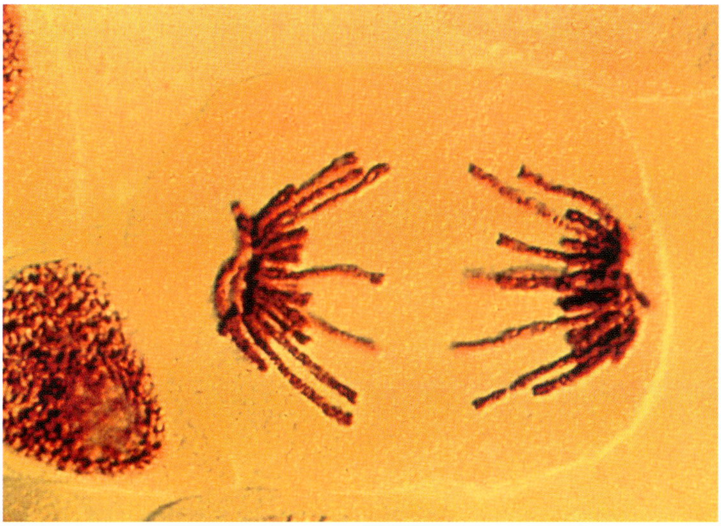
⑤

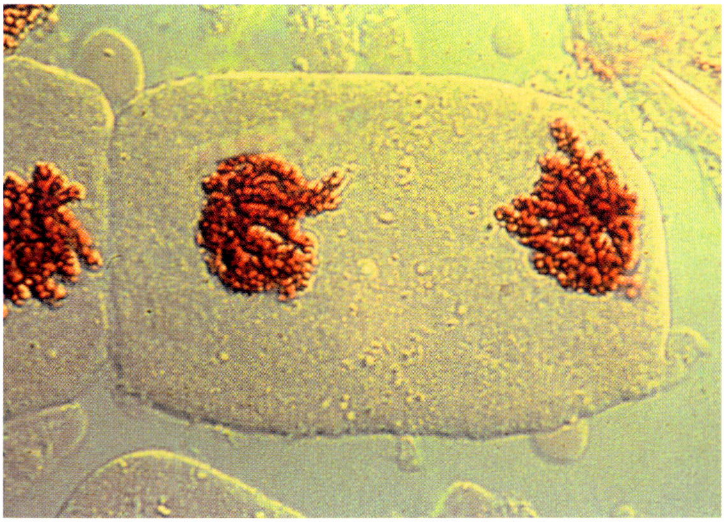
⑥

⑥終期．それぞれの染色体は細胞の中の両端で凝集している．終期では染色体は糸状の構造を解き，間期細胞の核に似てくる．二つの娘核の周りにはそれぞれ核膜ができる．細胞質分裂を経て遺伝的にはまったく同じ娘細胞が二つできあがる．

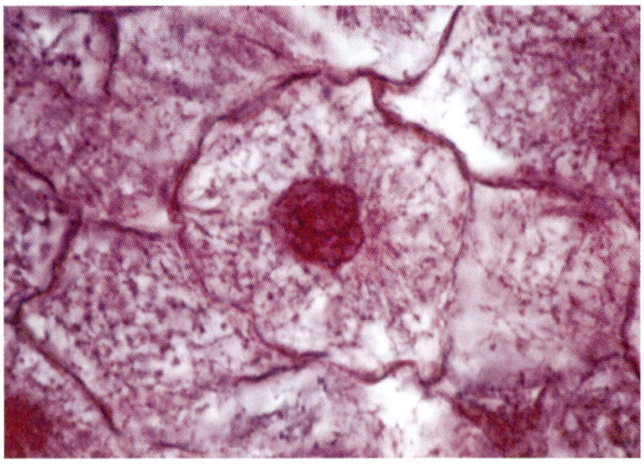
①

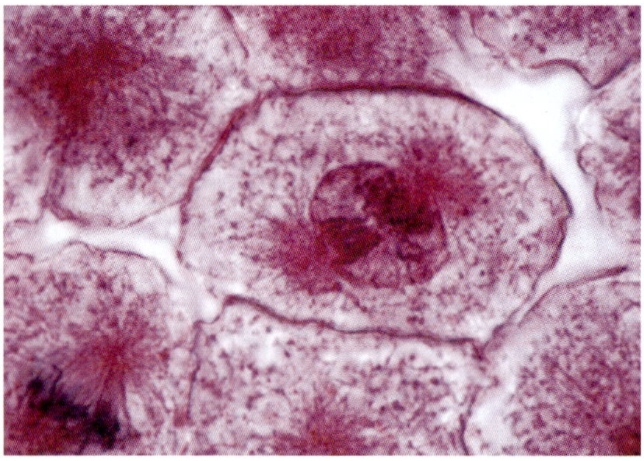
②

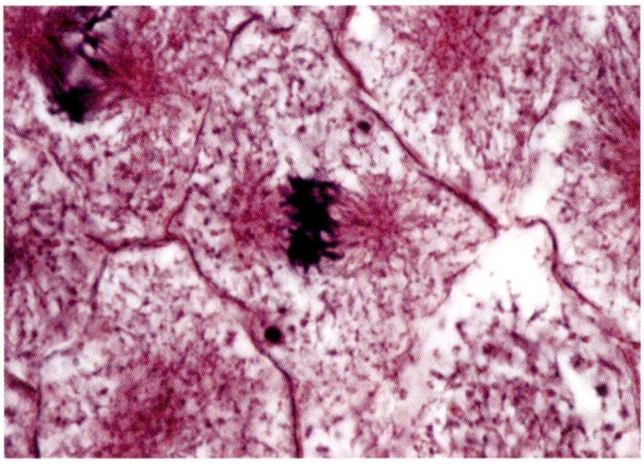
⑤

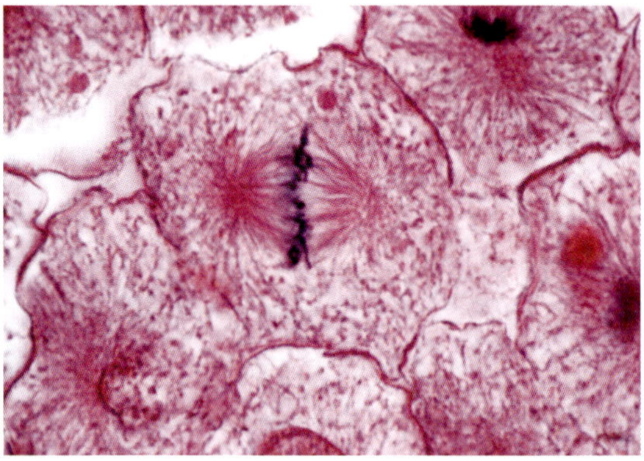
⑥

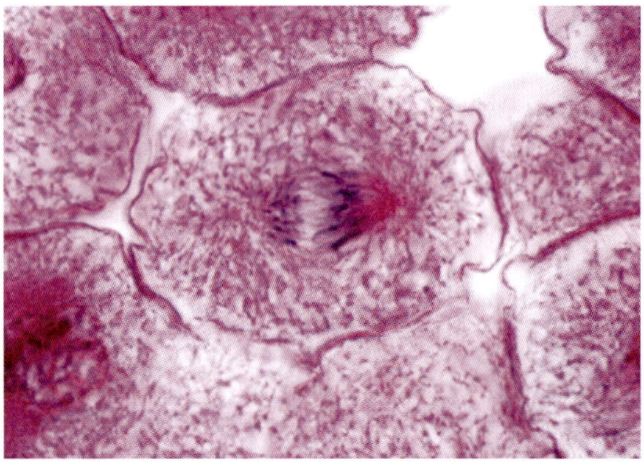
⑨

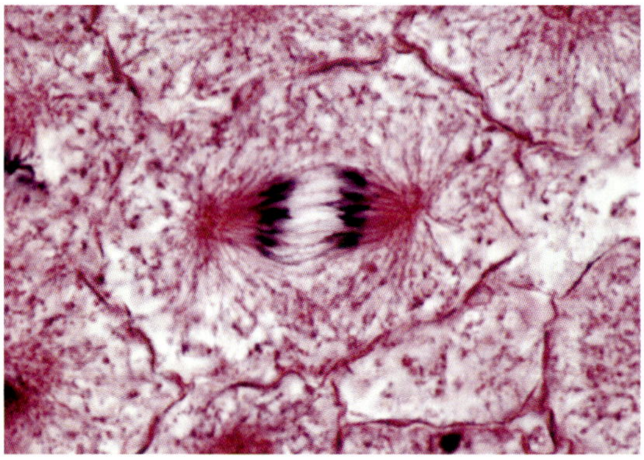
⑩

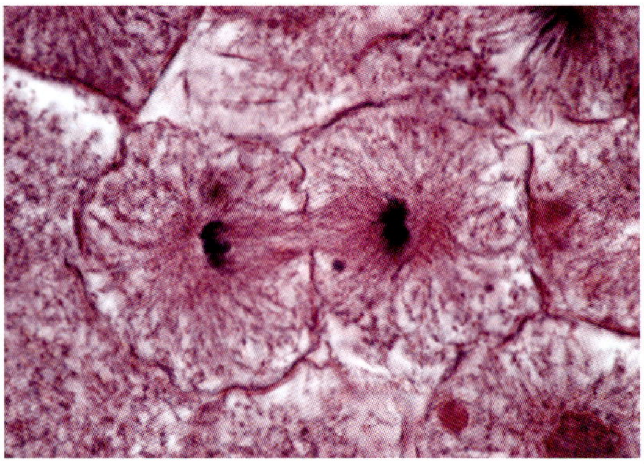
⑫

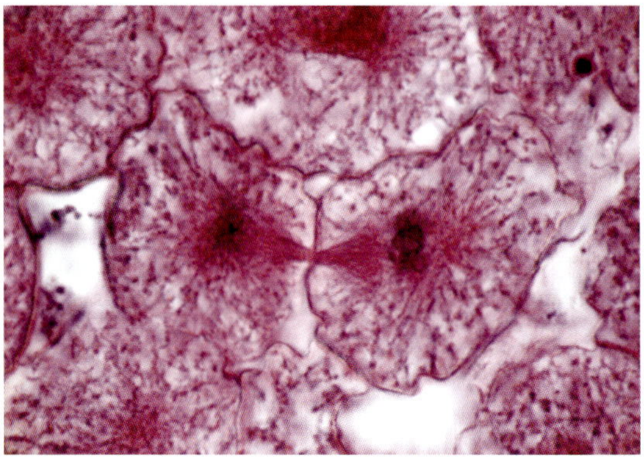
⑬

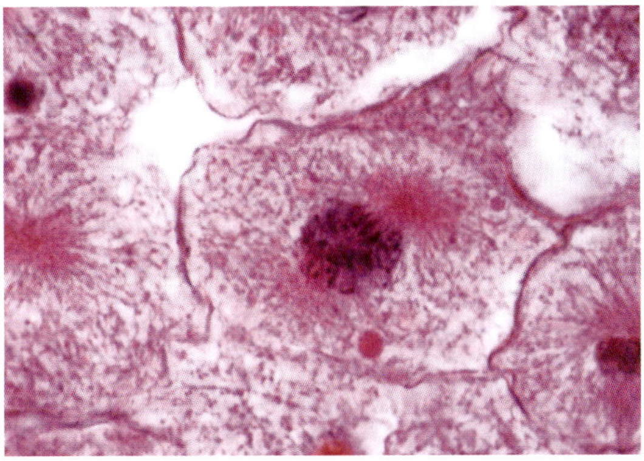
③

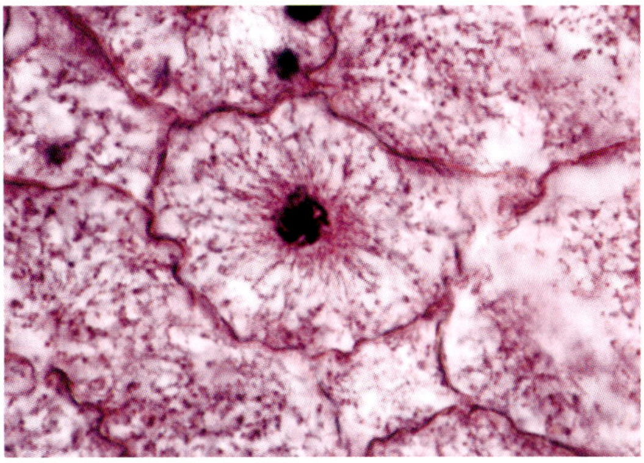
④

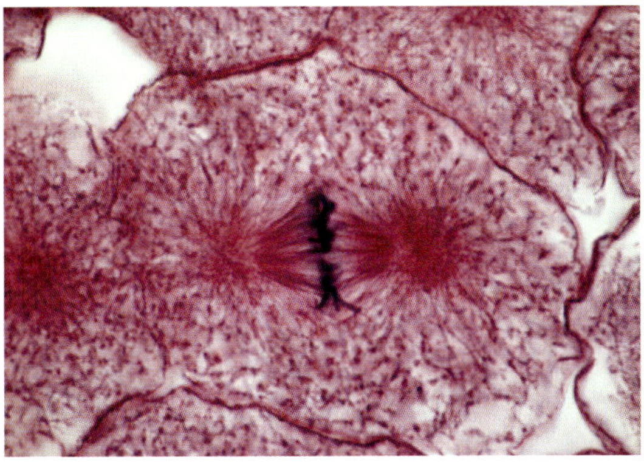
⑦

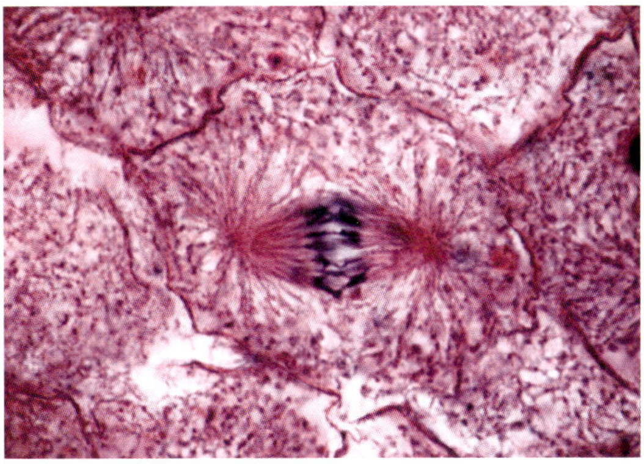
⑧

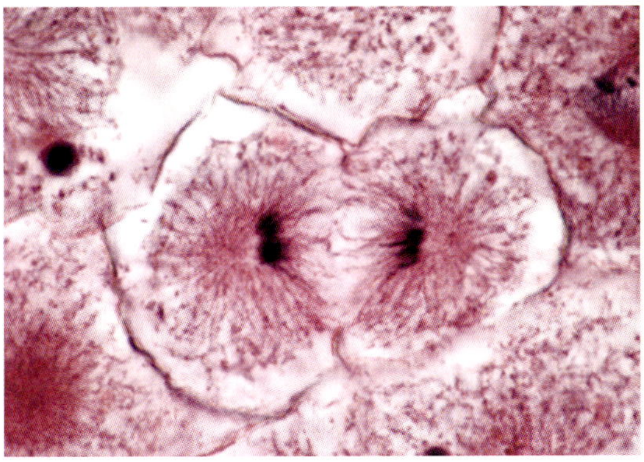
⑪

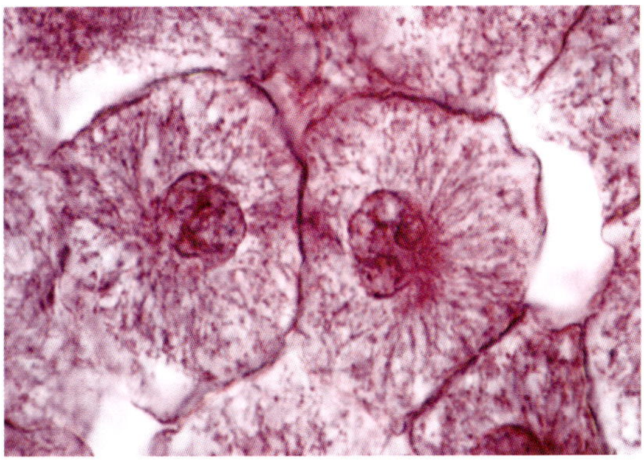
⑭

3.2.2 **有糸分裂 a**

コクチマス（サケ科の魚）の細胞分裂像．①は間期にある細胞．有糸分裂は，前期（②〜④），前中期（⑤），中期（⑥〜⑦），後期（⑧〜⑩），終期（⑪〜⑬）と進んでいく．分裂が終わってできた二つの娘細胞は間期（⑭）に入る．

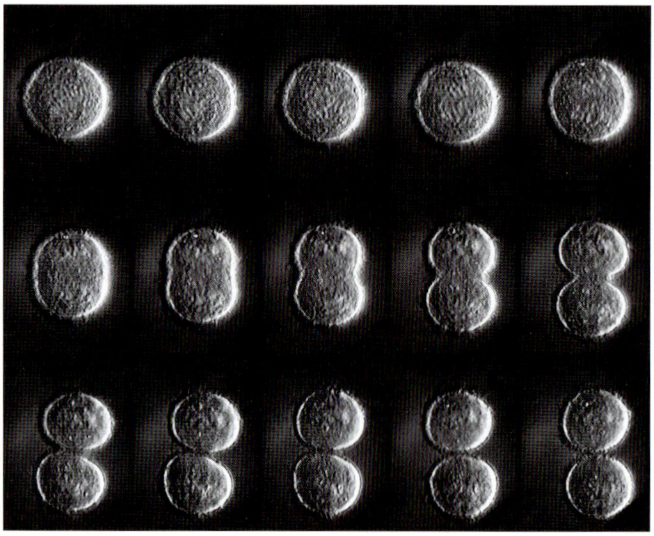

3.2.3

3.2.3 有糸分裂b

時系列光学顕微鏡写真（左上から右へ）．左上は前期の細胞で染色体の凝縮が見られる．3コマ目は中期で細胞の中心に染色体が整列している．5コマ目までには細胞は後期に入り染色体は細胞の両極に引っ張られつつある．終期には核膜が再度形成され細胞が二つに分かれる．このプロセスは細胞質分裂が行われている間に完了し二つの娘細胞となる．

3.2.4 有糸分裂c

タマネギの根の先端の部位の光学顕微鏡写真．この部位では様々な段階の有糸分裂を観察することができることから，細胞の有糸分裂の観察試料として幅広いレベルの教育現場で利用されている．

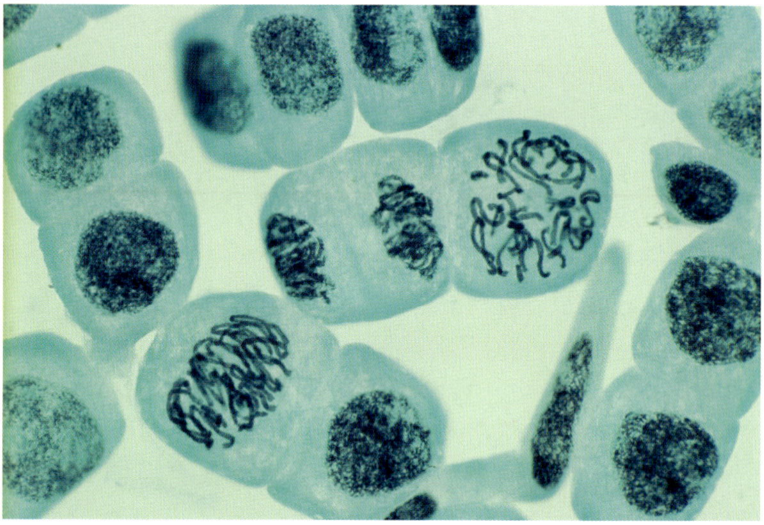

3.2.4

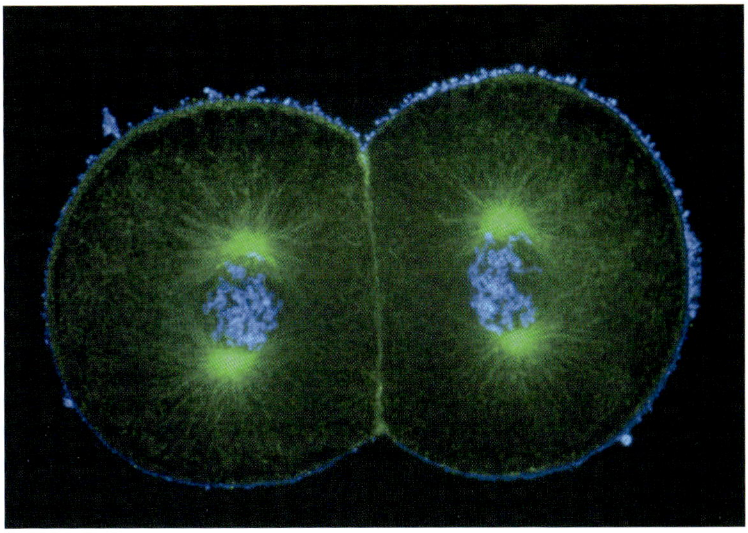

3.2.5

3.2.5 **有糸分裂 d**

受精後間もないウニ細胞を免疫蛍光染色して撮影.
二つの娘細胞に分裂したところであり，それぞれの娘細胞はさらに分裂しようとしている．娘細胞はそれぞれ有糸分裂前期にある．染色体（青色）は凝縮し微小管（緑色）からなる紡錘体の中央に整列しつつある．緑色に輝く点は紡錘体極で中心体とも呼ばれる．

3.2.6 **有糸分裂 e**

前期と中期の細胞の蛍光顕微鏡像.
中央部の左側の細胞は前期，右側の細胞は中期である．有糸分裂では二つの娘核が作られる．前期では染色体（紫色）が凝縮し同じものが二つに分かれる準備をする．核膜は消失し微小管（緑色）が染色体に付着する．中期には細胞の中心に染色体が整列する．染色体は二つの同じ遺伝情報をもった染色分体に分かれ細胞の両端に引っ張られていく．

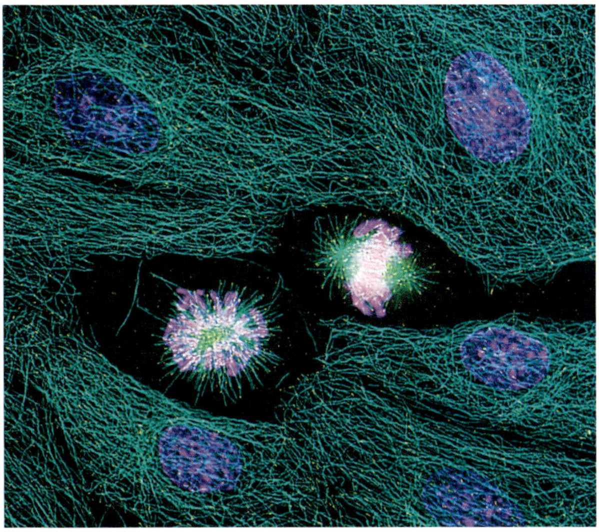

3.2.6

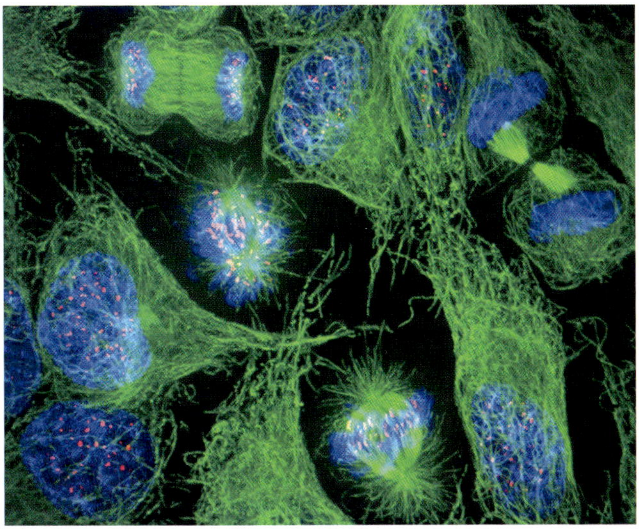

3.2.7

3.2.7 **有糸分裂 f**

ヒト子宮頸がん細胞を蛍光染色して撮影.
緑色が微小管，赤色がセントロメア，青色がDNAである．有糸分裂の各段階の細胞が見られる．

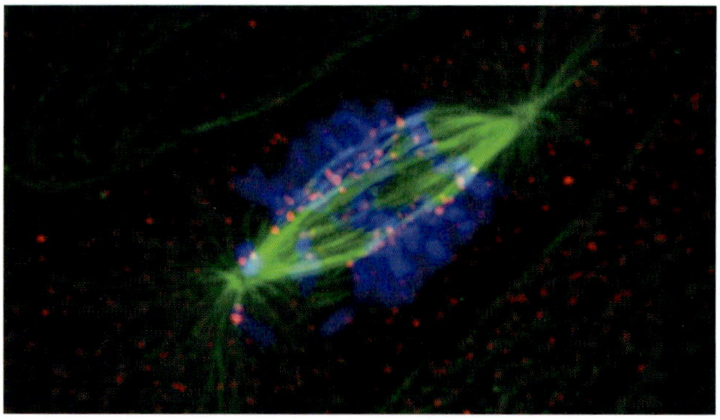
①

3.2.8 ツメガエルの有糸分裂

ツメガエルの上皮細胞を，細胞内のいくつかのコンポーネントを蛍光色素でラベルしてそれぞれの動きを観察しやすくして撮影．
微小管（緑色），DNA（青色），キネトコア（赤色）で色分けしてある．
有糸分裂前中期①，中期②，後期③，終期④．

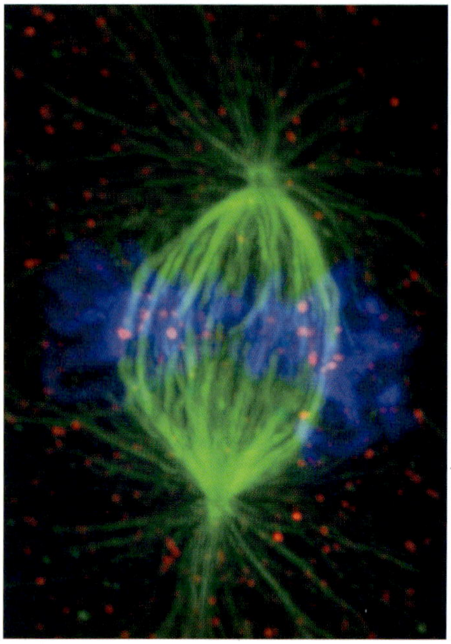
②

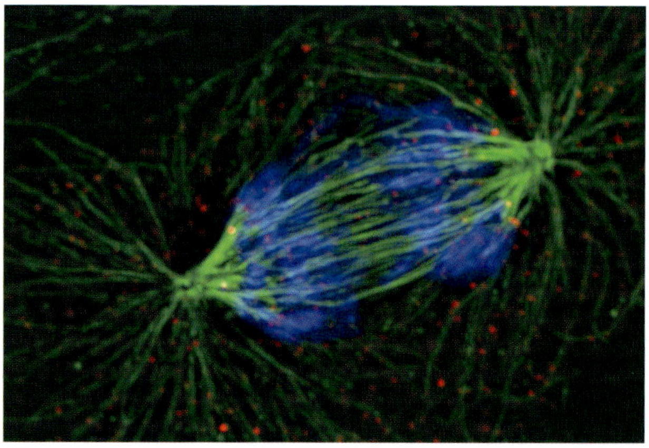
③

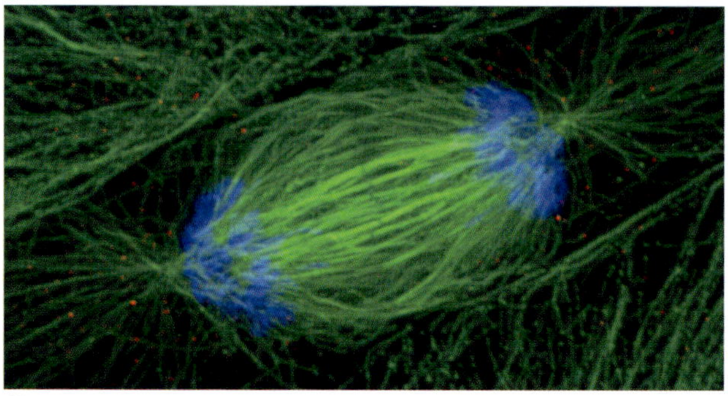
④

第４章

動 物

多細胞生物の個体の恒常性の維持には，細胞が一定のきまりにしたがって集まって作られた組織と，種々の組織が協力してさまざまな機能を果たす器官がたがいに協調しあって働くことが重要である．動物，たとえばヒトには器官として，脳，肺，心臓，消化管（胃や腸など），肝臓，腎臓などがある．これらはそれぞれ固有の働きをこなしながらも，全体としては個体の生命の維持という統一した目的のために機能している．脳を循環する血液が不足すると心臓は血液の拍出量を増やすようにコントロールを受ける．栄養分の消化・吸収の上で重要な器官の一つが小腸であるが，小腸はその機能を効率的に実現するために，吸収に適するように分化した細胞からなる上皮組織が腸管の内腔表面をおおう一方で，消化を助ける蠕動運動を行うために平滑筋組織が腸管の外周をかためている．

個体の維持と同様に生物にとってもう一つの重要な活動である種の保存については生殖器官が固有の役割を担っている．種によって生殖様式はさまざまであるが，脊椎動物は有性生殖を行う．オスの精子とメスの卵子により受精が成立して次世代の個体の発生が始まる．

本章では動物の組織，器官の代表的なものを観察する．

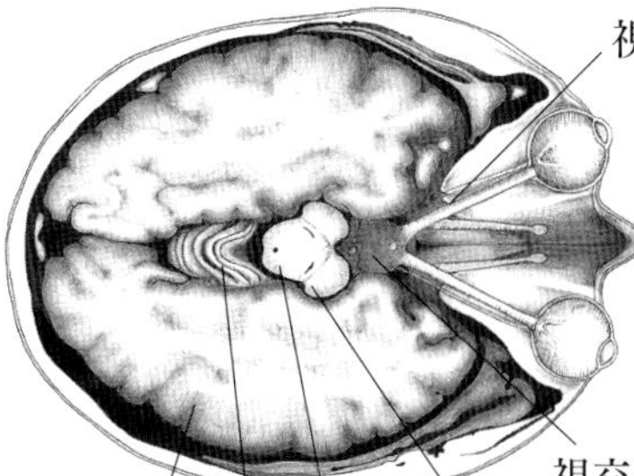

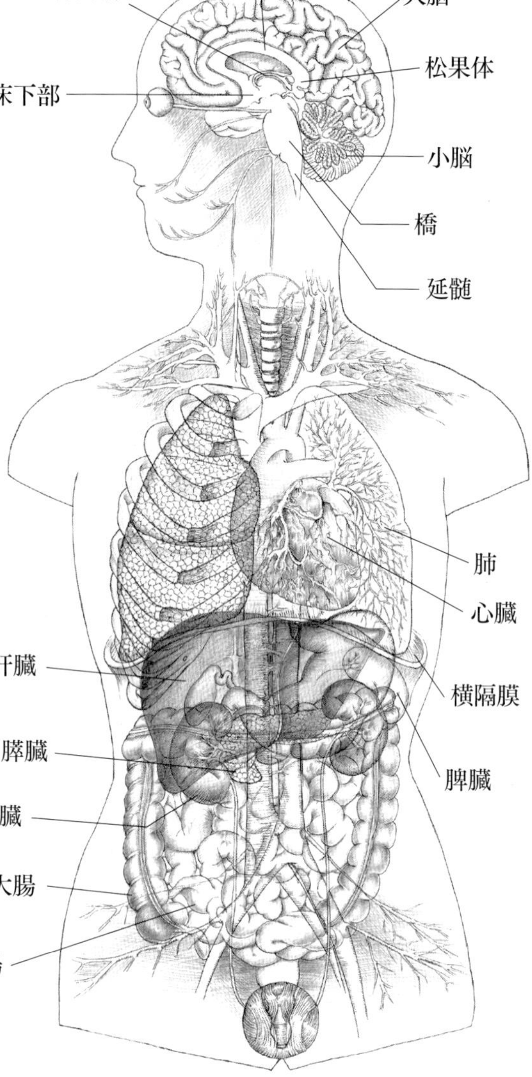

人体の模式図

ヒトの臓器の大まかな配置を模式図に示す．呼吸で重要な役割を果たす横隔膜を境に頭側を胸部，反対側を腹部とする．（本章4．1器官）の写真は，一部を除いて，CT や MRI といった実際に医療の現場で利用されている方法で人体の内部を間接的に可視化したものである．各臓器の大まかな配置をこの模式図で頭に入れておくと写真を見たときにそれぞれの位置関係がわかりやすい．特に腹部臓器は腹側から背側にかけて立体的に配置されている器官が多く，配置と機能の関連も興味深い．

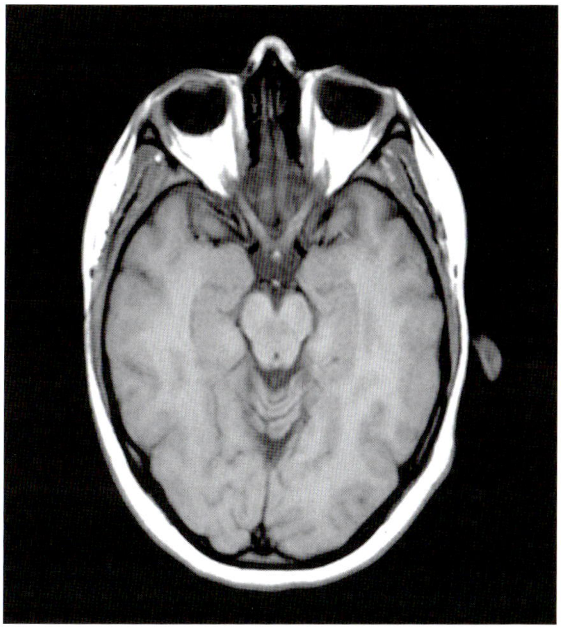

4.1.1

4.1.1 ヒトの視神経

MRI，T1 強調画像.
頭蓋内に入った視神経はさらに奥へ進み下垂体柄の前方で視交叉を形成している.

4.1.2 ヒトの脳 a

MRI. 正常なもの. 4.1.3 とほぼ同様の断面.

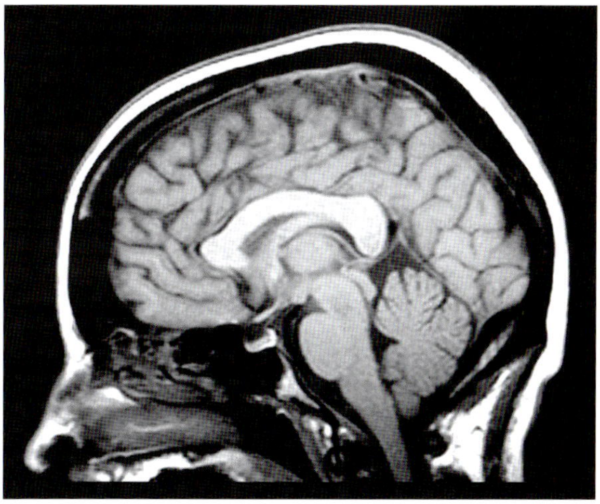

4.1.2

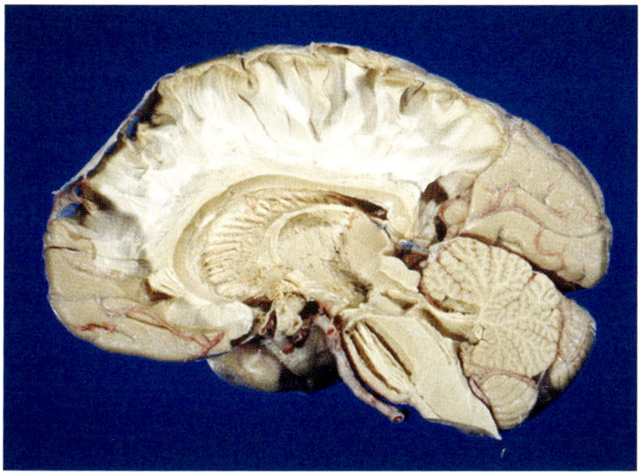

4.1.3

4.1.3 ヒトの脳 b

標本を撮影. 矢状断. 脳梁放線が見える.

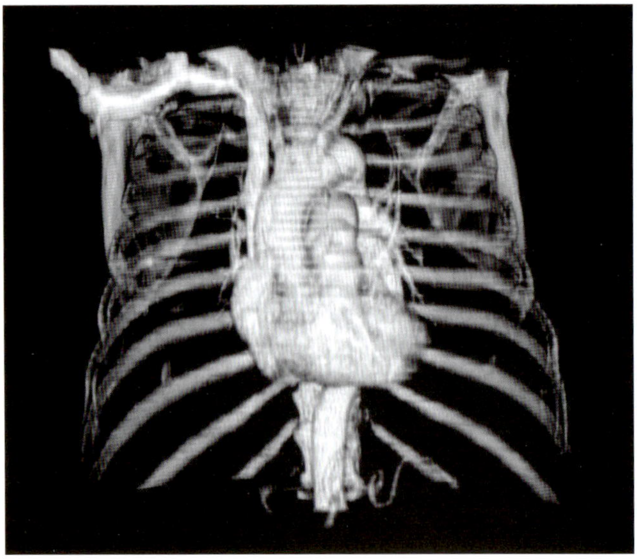

4.1.4

4.1.4 ヒトの胸部

3次元CTによる再構成像.
真ん中には心臓とそこを出入りする大血管が見える. 手前から枝を出しながら画像の右上に伸びているのが大動脈である. 肋骨, 肩甲骨などの骨格の一部も写っている.

4.1.5 ヒトの心臓a

3次元CTアンギオグラム. 正面から見た像.
手前から大動脈が上に伸びている. 上端付近で脳や上肢に行く動脈の枝を出している. 下に伸びている血管は, 心臓から上に出た大動脈が心臓の裏側を通って下行してきたもの.

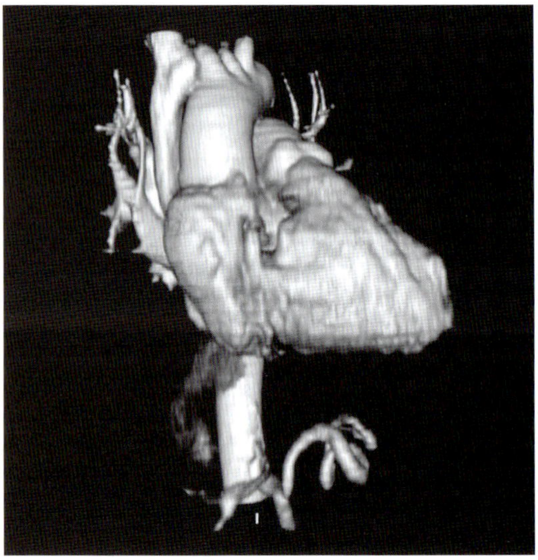

4.1.5

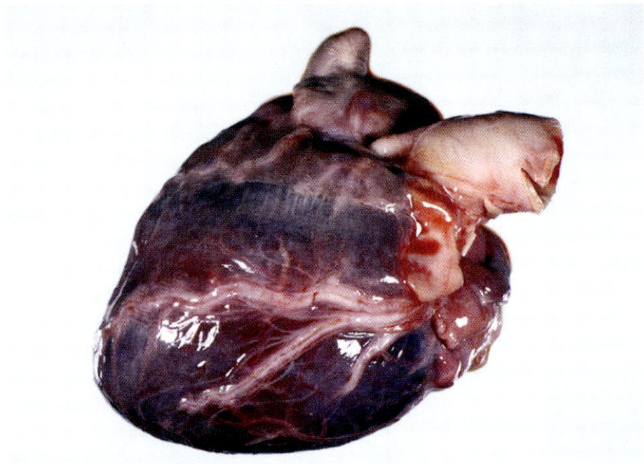

4.1.6

4.1.6 ヒトの心臓b

4.1.5を背側から見たもの. 右の白い管状の構造が大静脈で体中から血液が還流してくる. 血液は心臓の右側（右心房から入って右心室から出る）から肺へ送り出され, 肺の循環系を通って心臓に戻ってくる（左心房に入る）. 肺で酸素化された血液は左心室から拍出され大動脈（中央の上部）を通って体中に送り出される. 平均するとヒトの心臓は一生のうちに25億回以上拍動する.

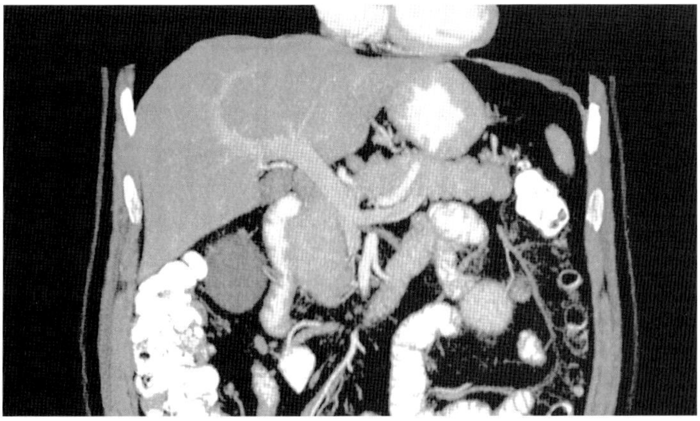

4.1.7

4.1.7 ヒトの上腹部臓器

CT 画像を再構成して断面図を作成．正常なもの．

膵臓が頭部から尾部まで描出されている．脾静脈と上腸管静脈が合流して門脈をなし肝臓に流れ込んでいる様子がきれいに描出されている．画像最上部は造影剤で白く描出された心室．

4.1.8 ヒトの腹部臓器

CT 再構成像画像．

ほぼ真ん中に左右対称に白く写っているのは腎臓である．造影剤により白く写し出されており，右（画像では左）の腎臓からは造影剤が尿管に流れ出ているのが写っている．左の腎臓には傍腎盂嚢胞がある．

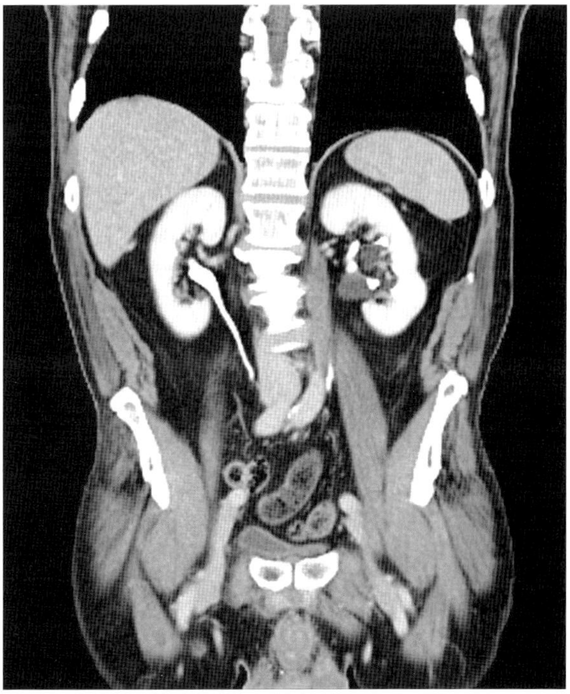

4.1.8

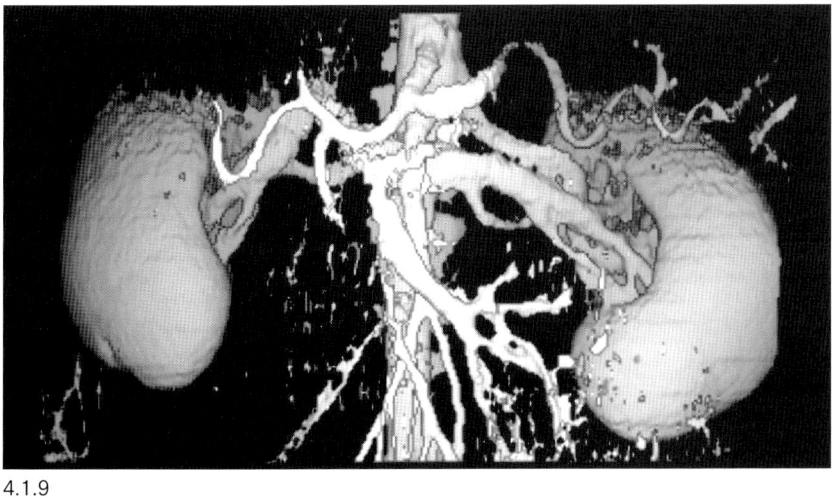

4.1.9

4.1.9 ヒトの腎臓

3 次元 CT 像．

腹部大動脈から枝分かれする腎動脈が左右の腎臓につながっている．腎臓には心拍出量の 2 割程度の血液が流れ込むといわれている．画像では，上腸間膜動脈の一部も見える．

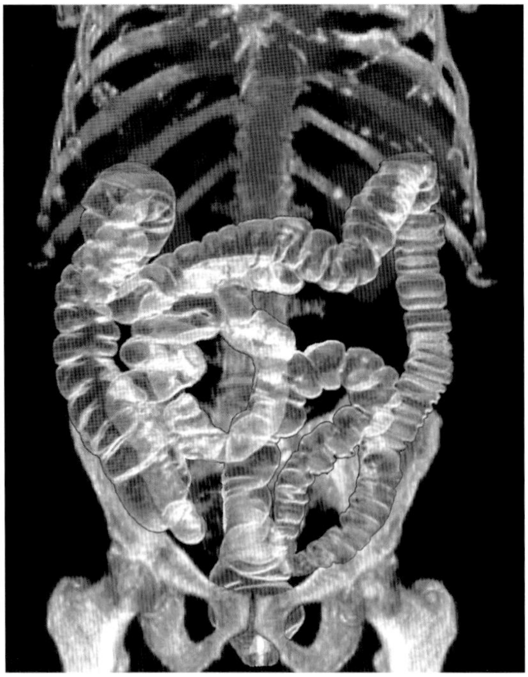

4.1.10

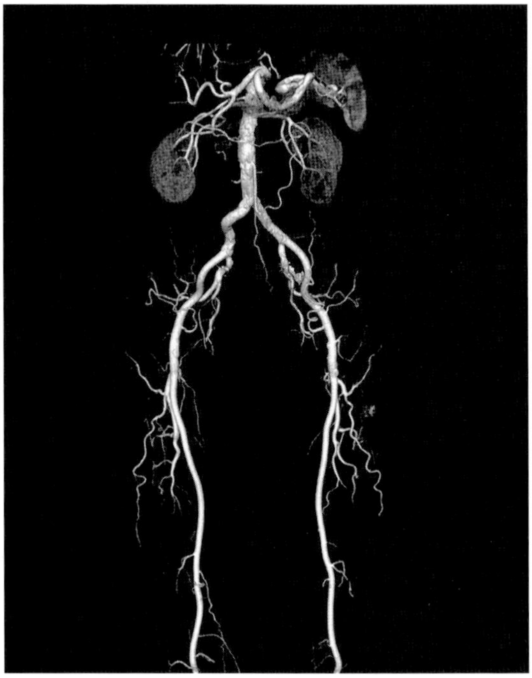

4.1.11

4.1.10 ヒトの腸管

3次元CT像（多数のくびれがある管腔状の構造物）．正常なもの．
画像中心部付近の細い部分から小腸が始まり腹部中心から右下腹部（画像では左）の盲腸付近から大腸につながる．大腸は外側を囲うように右下腹部から右上腹部，左上腹部，左下腹部へと通じている．一番最後（画像では正中下部付近）は直腸が写っている．腸管の主な機能は栄養と水分の吸収である．入り組んだ表面構造により大きな表面積を確保し吸収効率をよくしている．消化できないものは便として排泄される．

4.1.11 ヒトの腹部から下肢

造影スパイラルCT．アンギオグラム．腹部大動脈と骨盤内で分岐した下肢の動脈を正面から見た像．
造影剤により血管が白く描出されている．脾臓と左右の腎臓も淡く写し出されている．

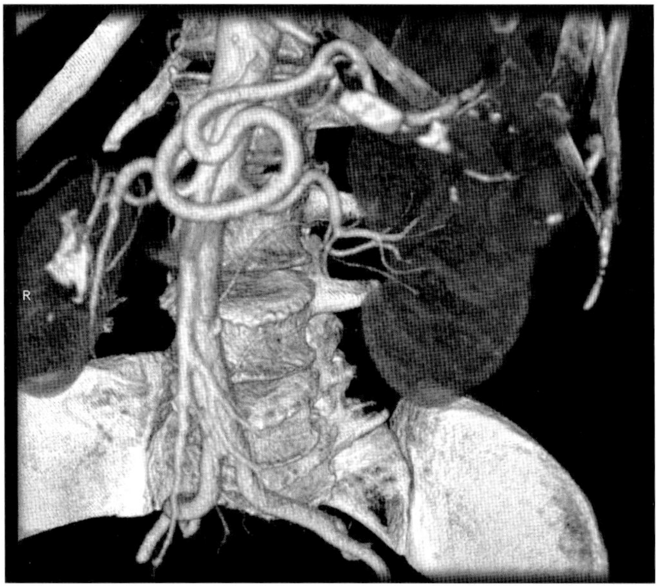

4.1.12

4.1.12 ヒトの腹部大動脈とその分枝

CTアンギオグラム（血管造影像）．正面やや左側からの像．
腎臓，腸管などへ行く動脈の枝を出しながら最後は左右の下肢の動脈に大きく分岐する．肋骨，椎骨，腸骨の一部が写っている．

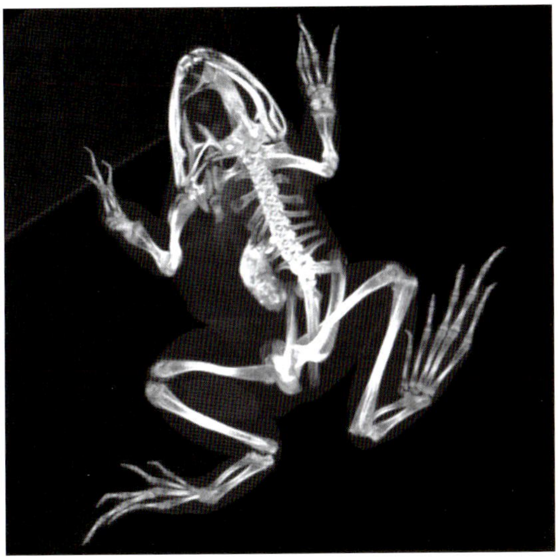

4.1.13

4.1.13 ウシガエル

CT 像.

ウシガエル Bullfrog（*Rana catesbeiana*）は，北米原産の大型のカエルで，成体では全長約 30cm ある．日本では，食用として 20 世紀の初めにアメリカから導入されたが，現在では生態系を乱す特定外来生物に指定されている．

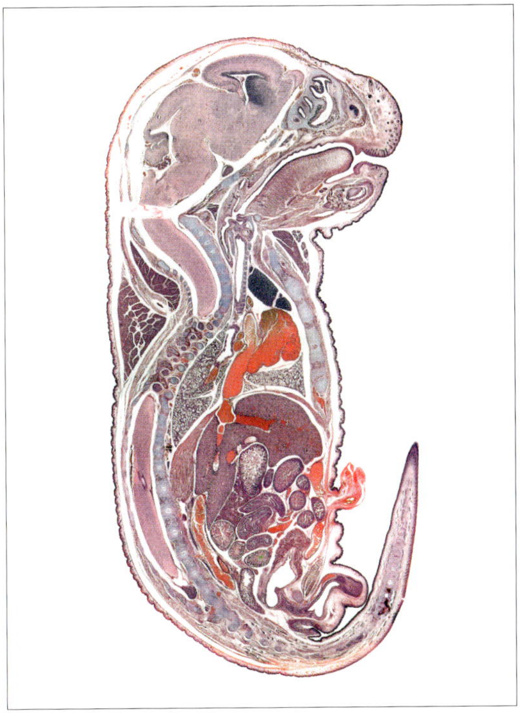

4.1.14

4.1.14 マウス

胚胎生 16 日目の長軸方向の断面標本.

発生のこの段階になると主要な臓器を見ることができる.

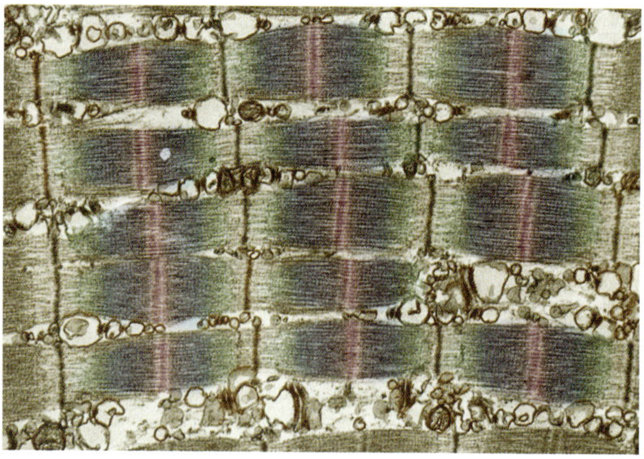

4.2.1

4.2.1 横紋筋

透過型電子顕微鏡像.

横紋状のバンド模様が見える. 左から右に並行に走る筋原線維のすきまに筋小胞体がある. 筋原線維には縦に繰り返される縞模様があり, その一単位をサルコメアという. サルコメアは, ミオシン, アクチンというタンパク質でできており, それらがたがいにスライドすることで筋肉は収縮する.

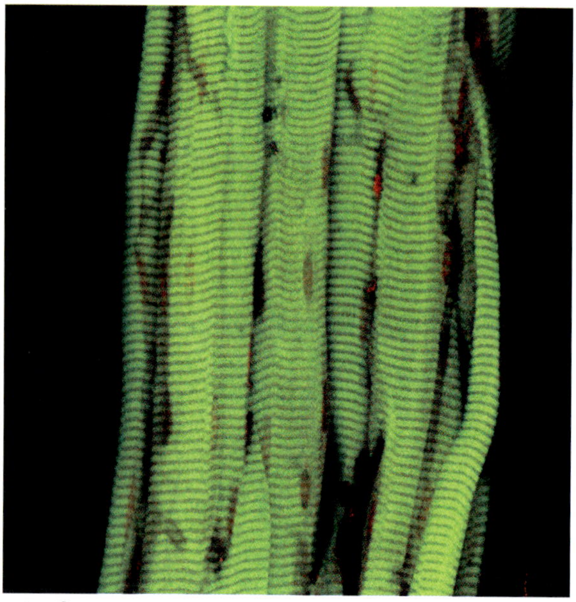

4.2.2 ①

4.2.2 筋繊維

骨格筋の①共焦点光学顕微鏡像, ②断面の透過型電子顕微鏡像.

筋繊維は筋原線維の束でできている. 筋繊維には, 持続的な収縮の可能な遅筋繊維(タイプ 1, 赤筋), 瞬発的な収縮の可能な速筋繊維(タイプ 2, 白筋)という 2 種類がある.

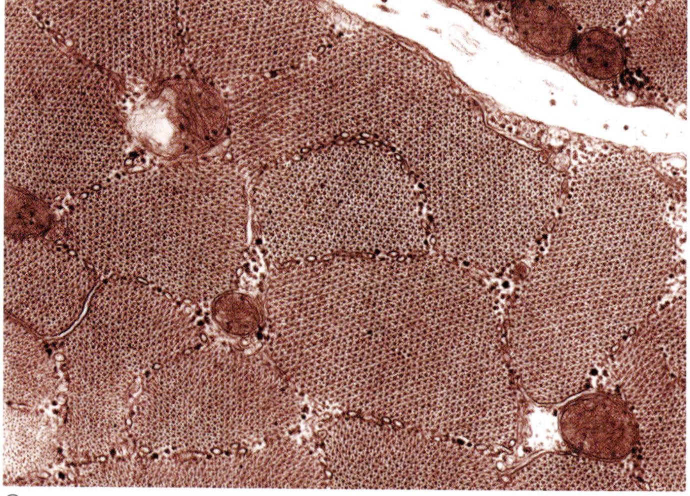

②

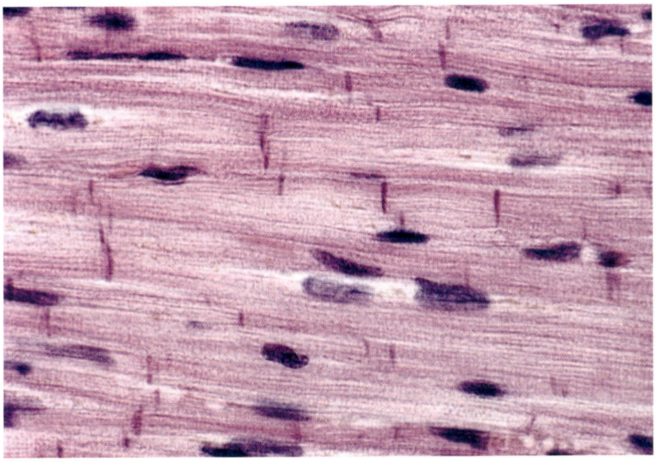
4.2.3

4.2.3 心筋

倍率 256 倍.
層状になっており，各層の間に血管がある．心筋は心臓の壁を構成する筋肉で，横紋筋であるが不随意筋である．骨格筋は多核であるのに対して，心筋は単核である．

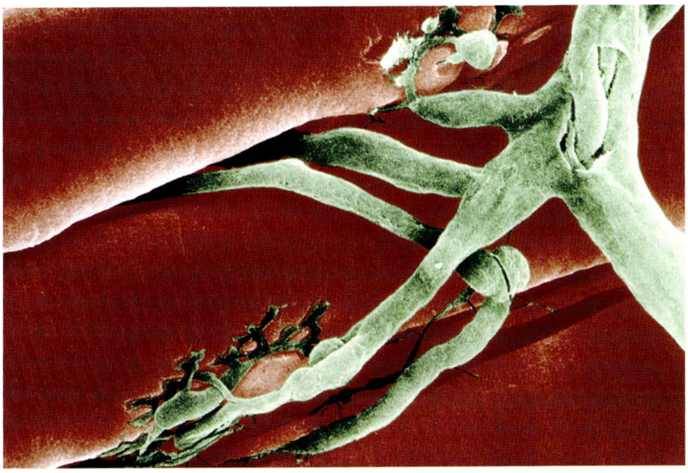
4.2.4 ①

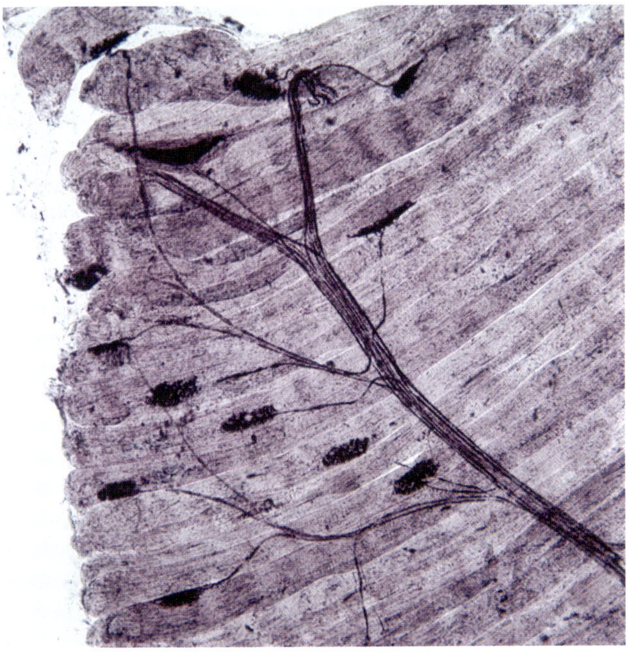
②

4.2.4 神経筋接合部

①走査型電子顕微鏡像．神経細胞（緑色）と筋繊維（赤色）の接合部がシナプスである．②哺乳類神経の運動終板．
神経細胞（運動神経）の先は終板と呼ばれ，終板からアセチルコリンなどの神経伝達物質が放たれる．

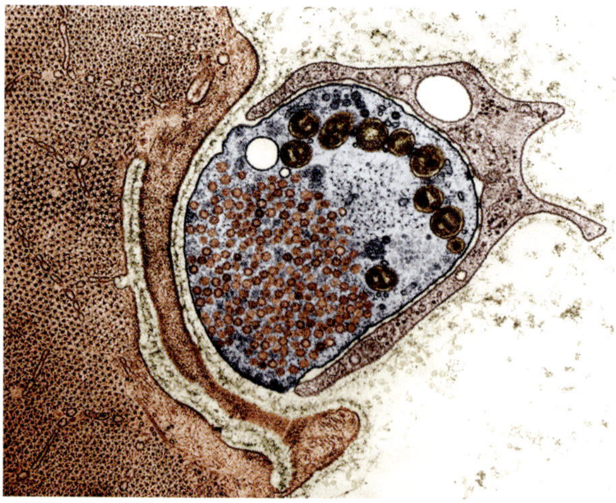

4.2.5

4.2.5 神経終末

電子顕微鏡像，約 28000 倍.

ミトコンドリアとシナプス小胞が蓄積している．シナプス小胞には神経伝達物質が含まれ，細胞体からの刺激が到着すると，細胞膜と融合し中身を放出する.

4.2.6 神経細胞（ニューロン）

1つの神経細胞からは長く伸びた軸索と，複雑に枝分かれしている樹状突起と呼ばれる突起が出ており，これらの突起が別の神経細胞とつながり合い，複雑な神経回路網（ネットワーク）を形成している.

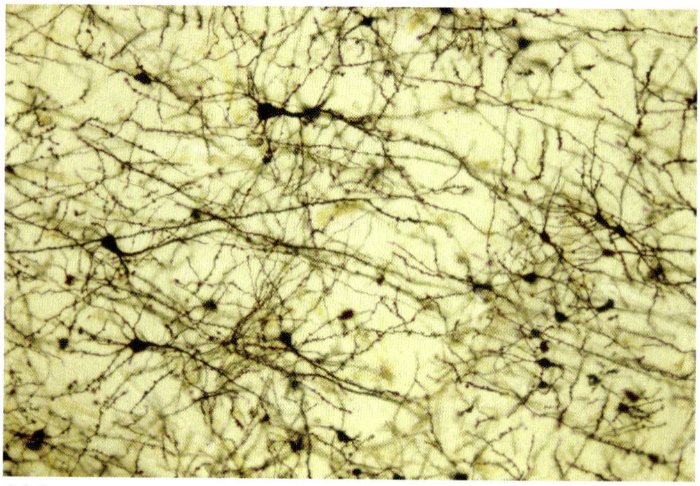

4.2.6

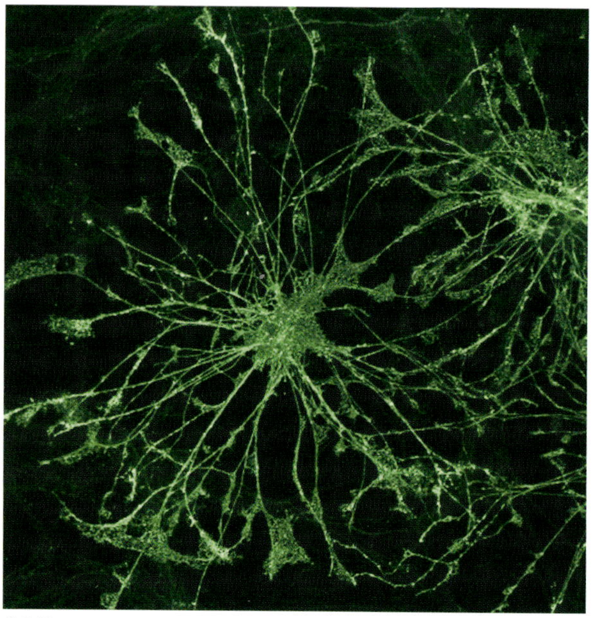

4.2.7

4.2.7 稀突起神経膠細胞（オリゴデンドロサイト）

共焦点光学顕微鏡像.

稀突起神経膠細胞は，中枢神経系において軸索に巻き付いて髄鞘を形成し，神経細胞の維持と栄養補給を行う役目を担っている.

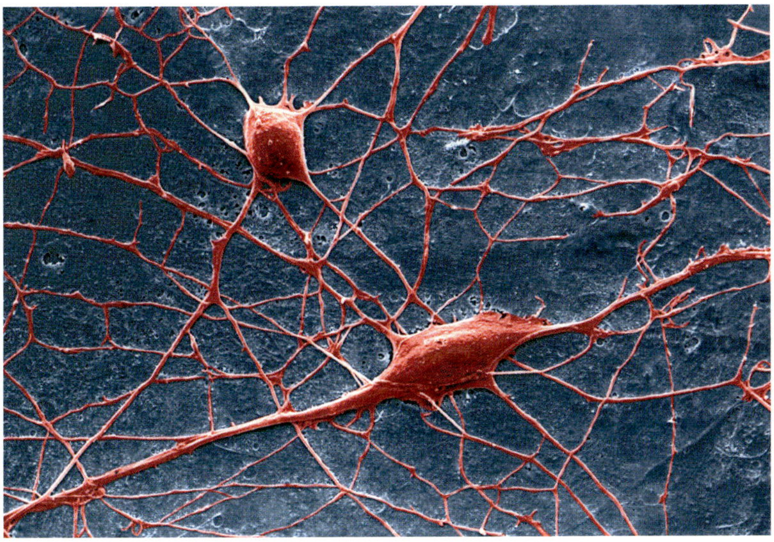

4.2.8

4.2.8 小脳プルキンエ細胞 a

走査型電子顕微鏡像.
小脳は，身体のバランス，姿勢，筋肉の協調などを制御している. 小脳は，灰白質（外側）と白質（内側）からなり，プルキンエ細胞は，白質に存在する．大きな細胞体から樹状突起が伸びており，神経からの刺激は，樹状突起を伝わって細胞体に伝わる.

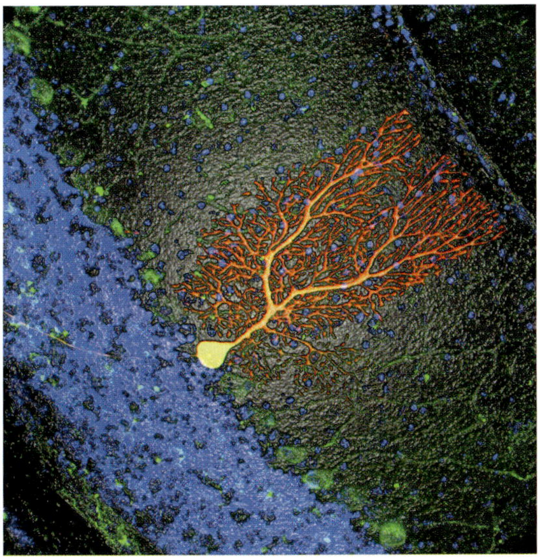

4.2.9

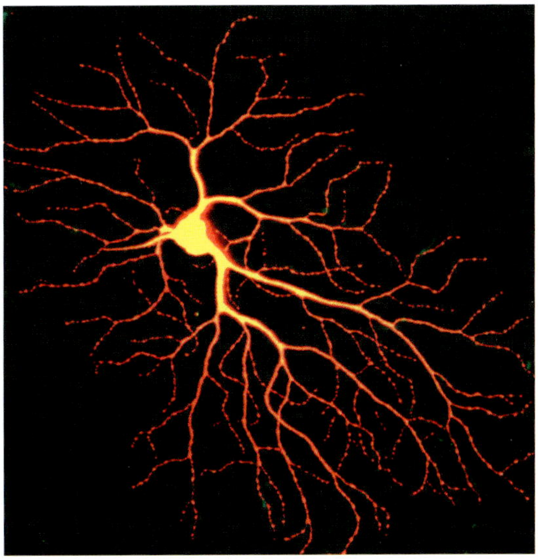

4.2.10

4.2.9 小脳プルキンエ細胞 b

共焦点光学顕微鏡像.
プルキンエ細胞は，フラスコのような形をした細胞体（黄色）と，そこから伸びた樹状突起（オレンジ色）からなる. プルキンエ細胞は，顆粒層（青色）と分子層（緑色）の間に存在する.

4.2.10 網膜の神経細胞

共焦点光学顕微鏡像.
細胞体からたくさんの樹状突起が出ている．網膜は，光を受容する視細胞（桿体細胞・錐体細胞）と，視角刺激を脳に伝える双極神経，神経節神経からなっている.

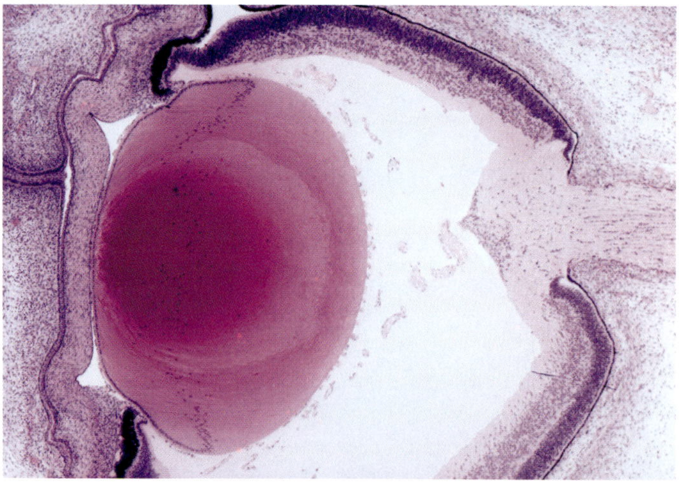

4.2.11

4.2.11 ヒト胎児の眼

切片．倍率約 15 倍．
神経管の前脳部分の上皮がふくらんで眼胞となり，そこから網膜が発生する．レンズは，神経上皮が頭部外側をおおっている外胚葉と接触し，外胚葉が陥入して生成される．

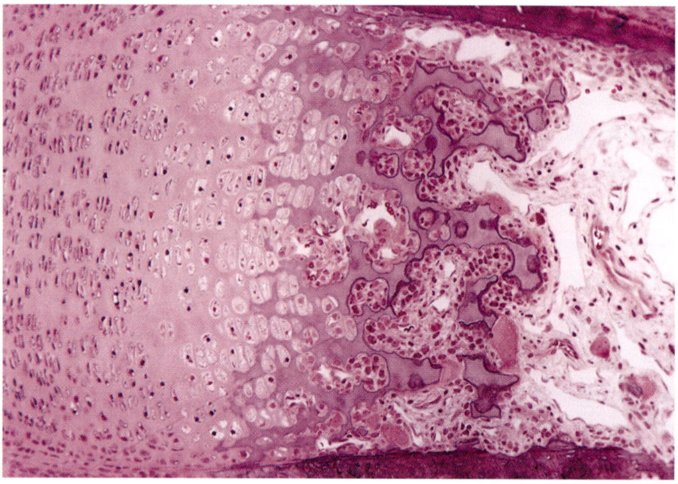

4.2.12 ①

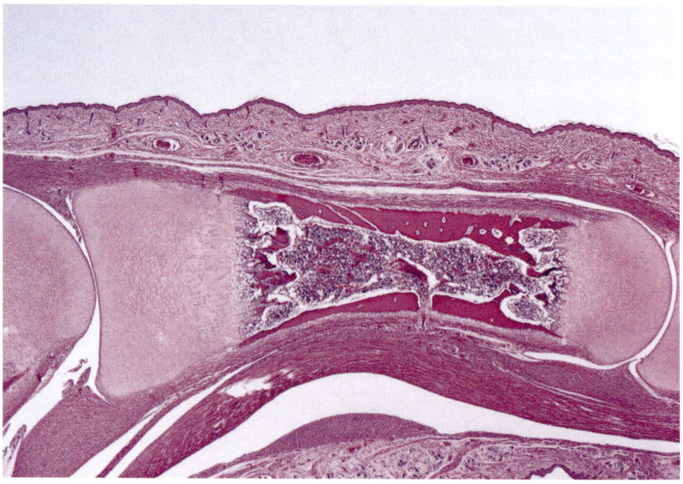

②

4.2.12 ヒト胎児の軟骨

①ヒト胎児の軟骨細胞切片の HE 染色像，倍率約 15 倍．
②ヒト胎児の発達段階指軟骨の HE 染色像，約 13 倍．
軟骨は，軟骨細胞と細胞外基質からなる．骨はまず軟骨ででき，軟骨細胞が分裂を繰り返して成長する．その後軟骨は溶骨（破骨）細胞によって溶かされ，造骨（骨芽）細胞によって骨に置き換えられる．

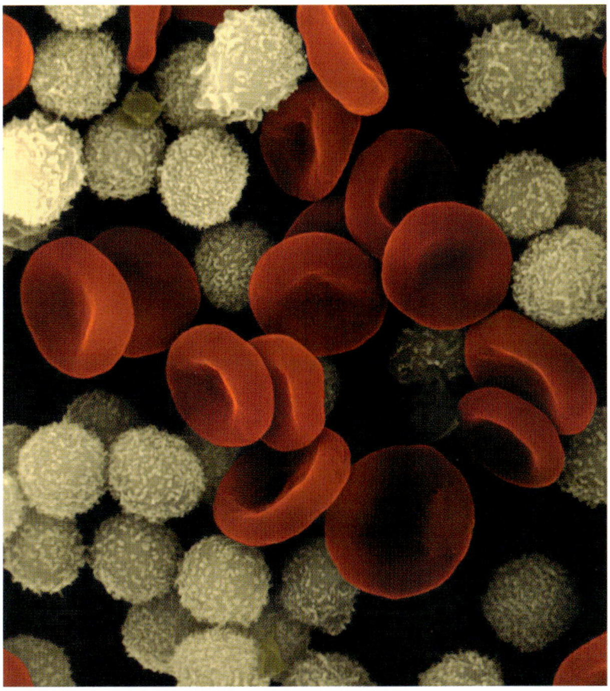

4.2.13

4.2.13 ヒトの血液細胞

走査型電子顕微鏡像.
赤血球（赤色）は両凹型で表面積が広くなっており，酸素や二酸化炭素の運搬を担っている．白血球（白色）は血液やリンパ液中の病原体と闘う免疫機能を担っている．

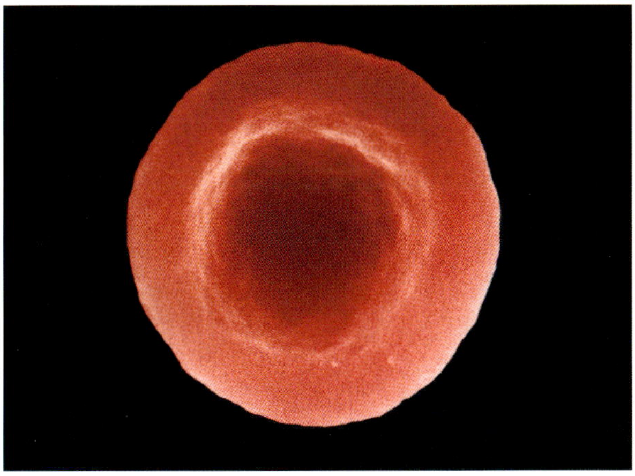

4.2.14 ①

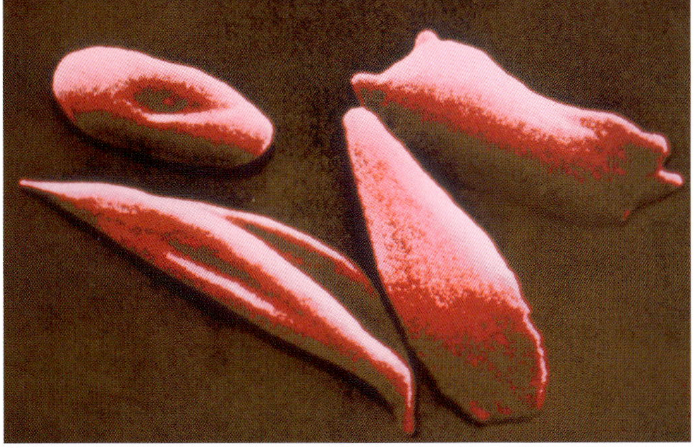

②

4.2.14 ヒトの赤血球

①正常な赤血球．走査型電子顕微鏡像，約5000倍.
②鎌状赤血球貧血症における赤血球．この疾患の人のヘモグロビンは，変異によりβサブユニットのN末端から6番目のアミノ酸がグルタミン酸からバリンに置換されているため，ヘモグロビン同士が重合して，赤血球が鎌状に変形する．

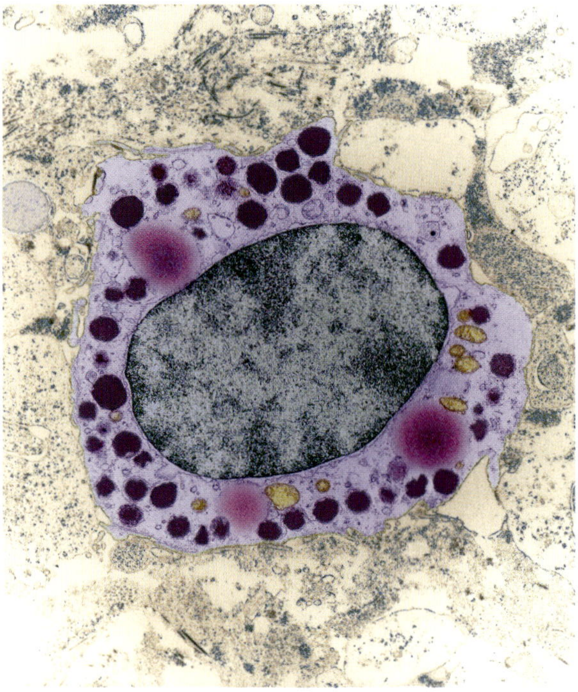

4.2.15

4.2.15 ヒトの肥満細胞

結合組織から単離されたヒト肥満細胞の透過型電子顕微鏡像.

中央の楕円形（紺色）が核である．細胞質（藤色）に存在する顆粒（紫色）には，ヘパリン，ヒスタミン，セロトニンなどが入っており，免疫反応において放たれる.

4.2.16

4.2.16 ヒトの脂肪細胞

透過型電子顕微鏡像，倍率 3000 倍．多数の脂肪滴が見える．脂肪細胞は体の中でもっとも大きな細胞の一つであり，脂肪の貯蔵や生産の役割を果たしている.

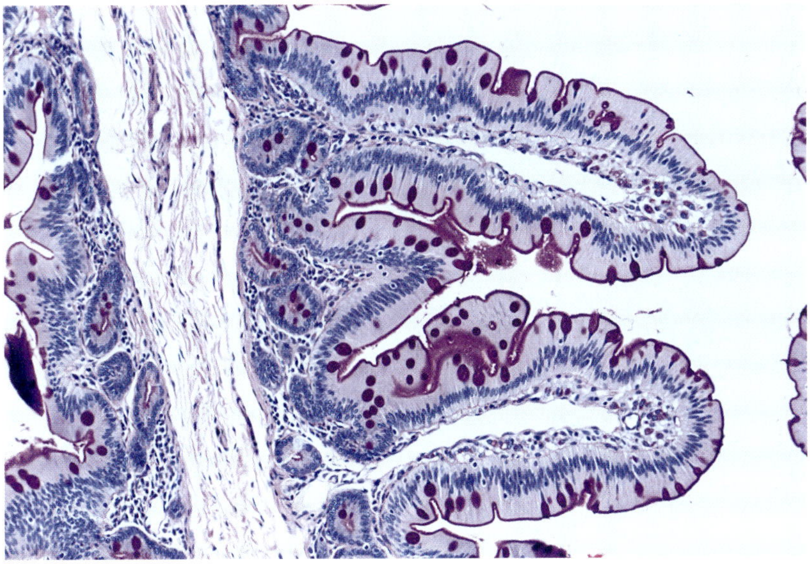

4.2.17 ①

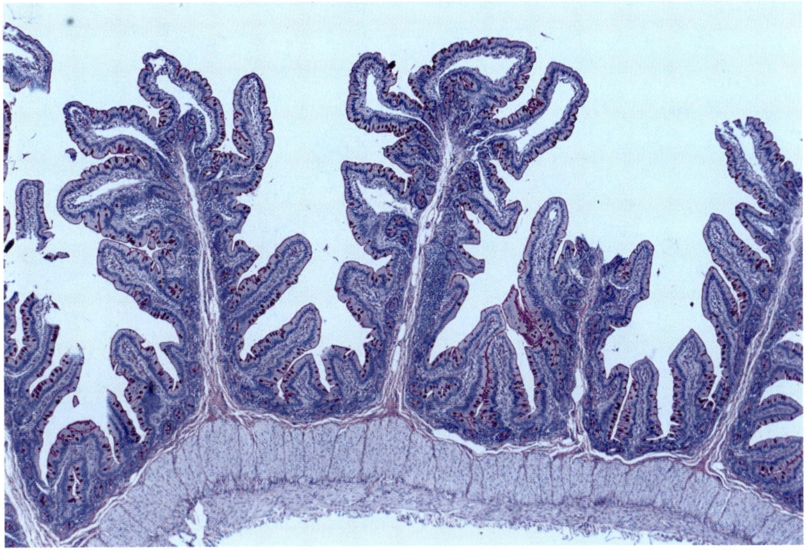

②

4.2.17 **ヒトの小腸絨毛**

①，②とも光学顕微鏡像．小腸は消化産物を吸収する場である．深く折りたたまれ，さらに微絨毛（紫色）が並んでいるため表面積が非常に大きくなっている．成人男性一人分の小腸の表面積は，テニスコート一面分とほぼ等しい．

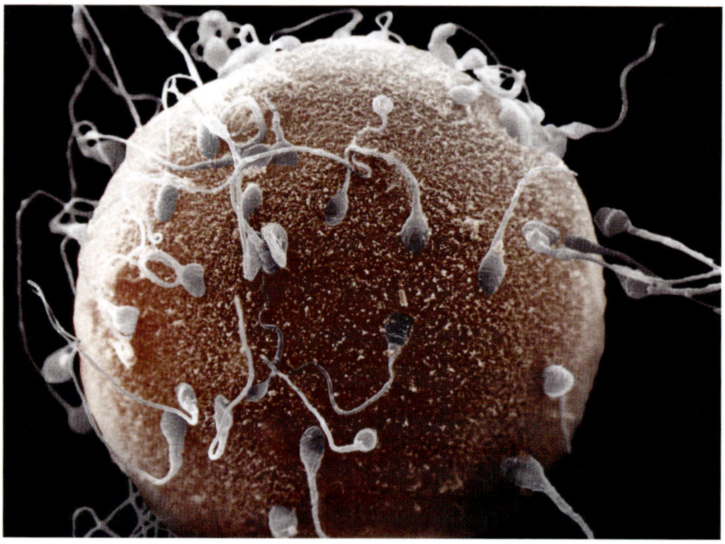

4.3.1

4.3.1 ヒトの卵と精子 a

受精に際し，通常，卵は1個が産生されるのに対し，精子は約1億～3億個が放出される．精子は鞭毛運動によって移動し子宮を通過するが，輸卵管（ファロピウス管）内に到達する精子は数百個である．

4.3.2 ヒトの卵と精子 b

走査型電子顕微鏡像．
写真下の卵（卵子）の表面に到達した精子は先体反応を起こして，卵の細胞質中に入る．受精した卵はほかの精子に対してバリアーを形成する．この現象を多精拒否と呼ぶ．

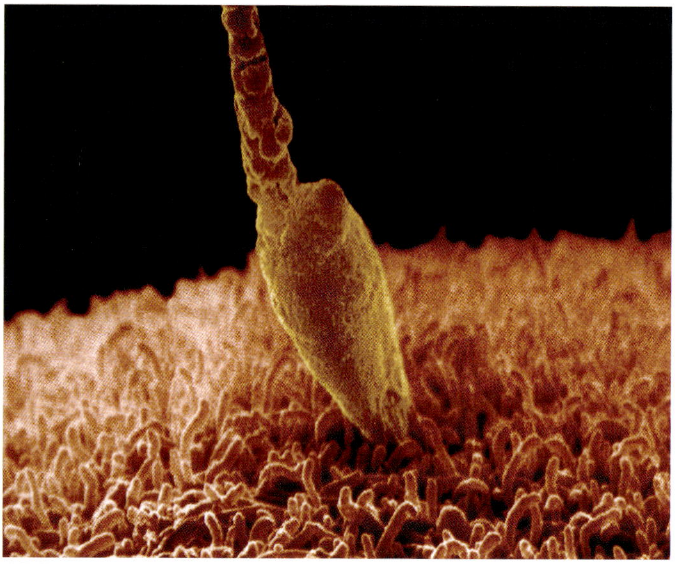

4.3.2

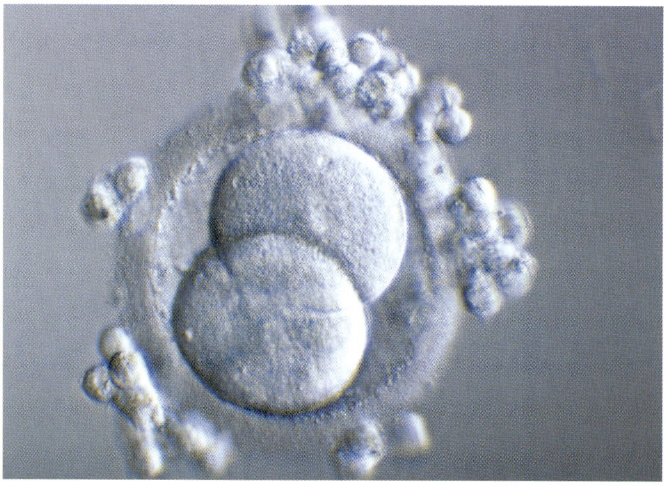

4.3.3

4.3.3 ヒト胚（二細胞期）

第一卵割によって，二つの割球が生じる．胚は透明帯と呼ばれる卵膜で包まれている．第二卵割では，一方の割球は垂直方向に．もう一方の割球は水平方向に分裂する回転卵割と呼ばれる卵割様式が見られる．

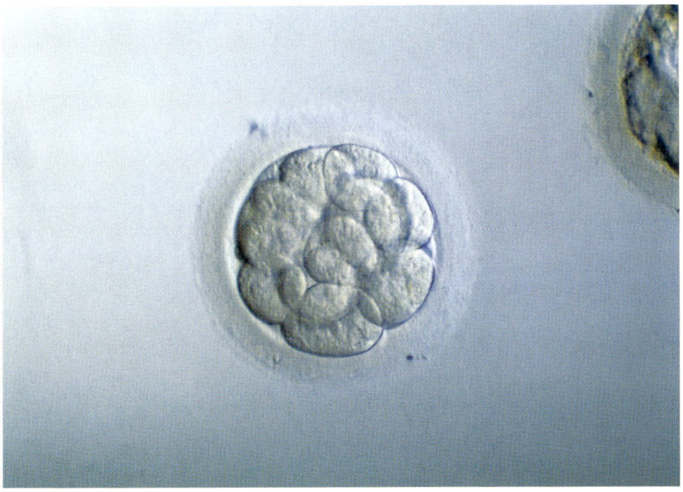

4.3.4

4.3.4 ヒト胚（桑実胚期）

受精後約3日でボール状の桑実胚が形成される．胚は透明帯によって保護されている．この胚は子宮への移植前である．

4.3.5 ヒト胚（44日胚）

マイクロMRIのデータをコンピューター上で再構築した画像．
胚（胎児）の大きさは13.0mmである．体内の組織や器官がわかるように胚体の表面は，白い線で示してある．将来，脳や脊髄に分化する神経系や，心臓等の循環器系の発達が著しい．

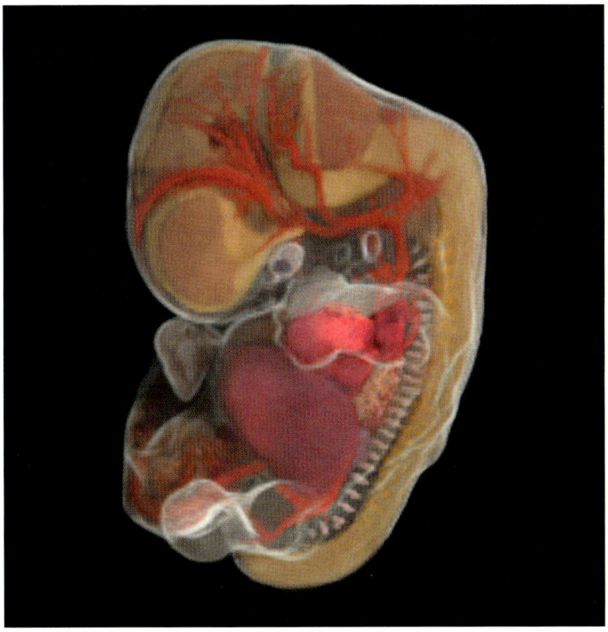

4.3.5

4.3.6

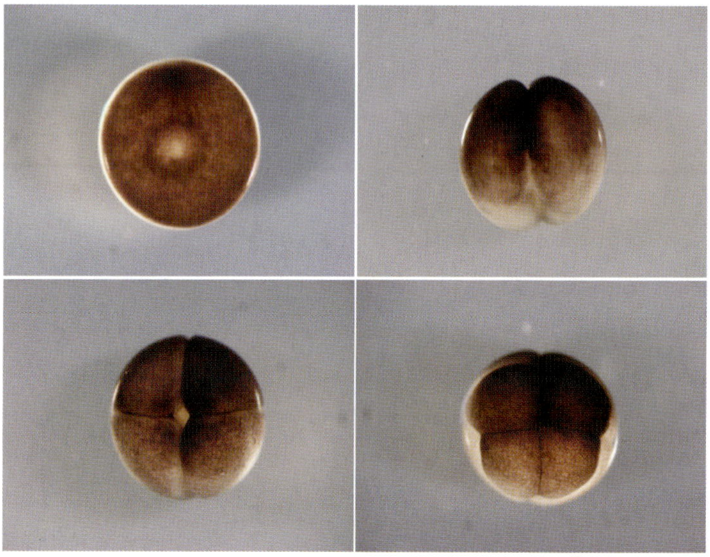

4.3.7

4.3.6 **受精直後から二細胞期**

アフリカツメガエル（*Xenopus laevis*）.

左上；受精直後

右上；受精後 15 分

左下；受精後 60 分（定位回転によって色素のある動物半球が上になっている）

右下；受精後 90 分（第一卵割が起こっている）

4.3.7 **卵割**

アフリカツメガエル（*Xenopus laevis*）.

左上；一細胞期

右上；二細胞期（第一卵割は，胚の正中線で左右を二分する）

左下；四細胞期（第二卵割）

右下；八細胞期（第三卵割は，最初の水平方向の卵割である）

4.3.8

4.3.8 桑実胚から原腸胚期

アフリカツメガエル（*Xenopus laevis*）.
すべて動物極側からの写真.
左上；桑実胚
右上；初期胞胚
左下；後期胞胚
右下；初期原腸胚

4.3.9 原腸陥入

アフリカツメガエル（*Xenopus laevis*）.
植物極側からの写真で，写真上部が胚の背側.
左上から右下に向って時間が経過している．左上の写真では，原口が形成されている．その上部が原口上唇部（オーガナイザー領域）である．原腸陥入は時間とともに腹側でも進み，植物極付近にあった予定内胚葉領域は胚の内部に移動する．形態形成運動の一つである．

4.3.9

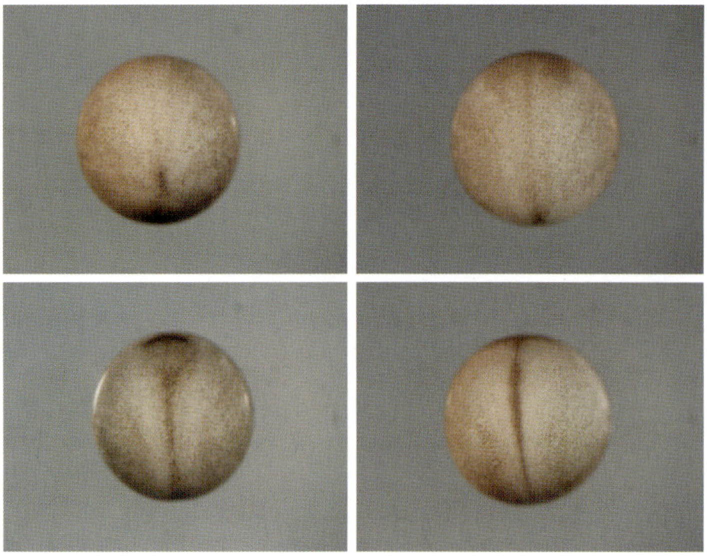

4.3.10

4.3.10 神経管形成

アフリカツメガエル（*Xenopus laevis*）．左上から右下に向って時間が経過している．神経板が内部に進入し神経管が形成される．形態形成運動の一つ．

4.3.11 神経胚から幼生期

アフリカツメガエル（*Xenopus laevis*）．
左上；神経胚
右上；初期尾芽胚
左下；後期尾芽胚
右下；幼生期

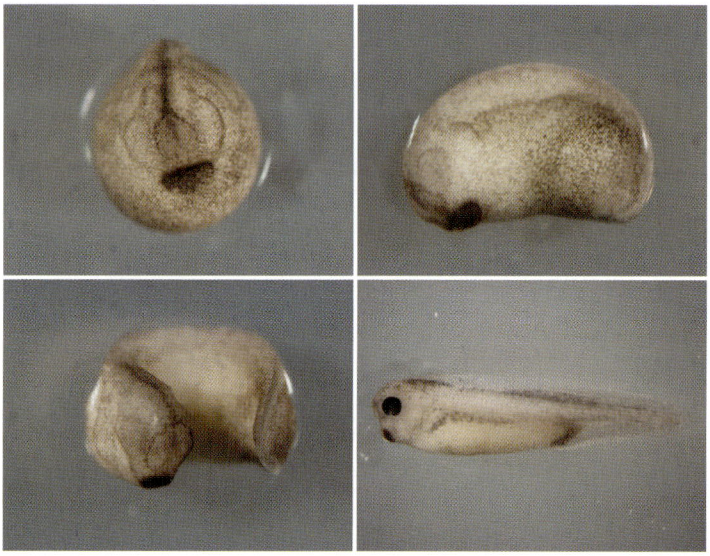

4.3.11

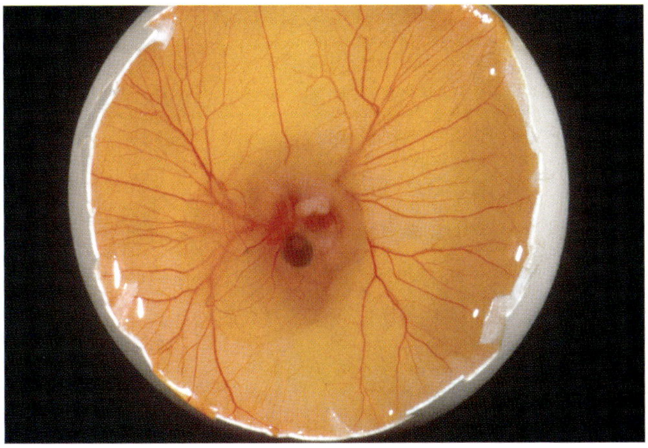

4.3.12

4.3.12 ニワトリ（5 日胚）

胚は巨大な卵黄塊の上に形成され，孵卵 5 日目までに，神経管，腸管，体節，血管などの発生が起こる．血流は胚体と卵黄塊の間を循環し，血液は胚体外の毛細血管網で酸素を取り込む．

4.3.13 ニワトリ（10 日胚）

嘴は孵卵 5.5 日目頃から見られ，羽毛原基は 6.5 日頃から見られるようになる．

4.3.13

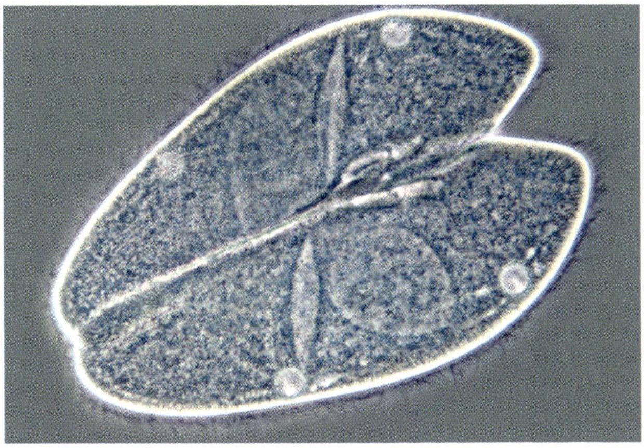

4.3.14

4.3.14 ゾウリムシ属の接合

淡水性原生動物のゾウリムシは，無性生殖（二分裂）と有性生殖（接合）の二種類の方法で生殖を行う．接合では，写真のように 2 匹のゾウリムシがペアを形成し，減数分裂した小核を交換する．

第5章
植 物

地球に生息するほぼすべての生物は，太陽からの光エネルギーに依存して生きている．光が持つ物理的なエネルギーを，生物が利用できる有機物という形で化学的なエネルギーに変換する一連の反応が光合成であり，植物が持つ最大の特徴である．このため植物は生態系における生産者と呼ばれ，物質循環を駆動するためのエネルギーの取り込み口となっている．さらに，現在の多くの生物が必要とする酸素を作り出しているのも光合成である．

この章では，植物の姿を器官，組織，細胞，細胞内小器官と様々なスケールでとらえている．植物は太陽のエネルギーを使って自ら有機物を合成する道を選ぶことで，移動する手段を捨てた．土壌に根を張り，細胞壁を発達させ重力に逆らい光の方向に成長する術を手に入れた．動けない分，植物の環境適応は多様性に富んでいる．体の一部から新しい個体が生まれる栄養生殖を行ったり，光合成以外の機能を持った葉緑体（色素体）などを持つ．植物の生存戦略の一端を垣間み，私たちが彼らから受ける恩恵に思いを巡らせてもらいたい．今日の地球環境を作り，今なお生態系にエネルギーを供給し続ける植物の姿に，今人類が抱える環境問題を解決する糸口が見えてくるかも知れない．

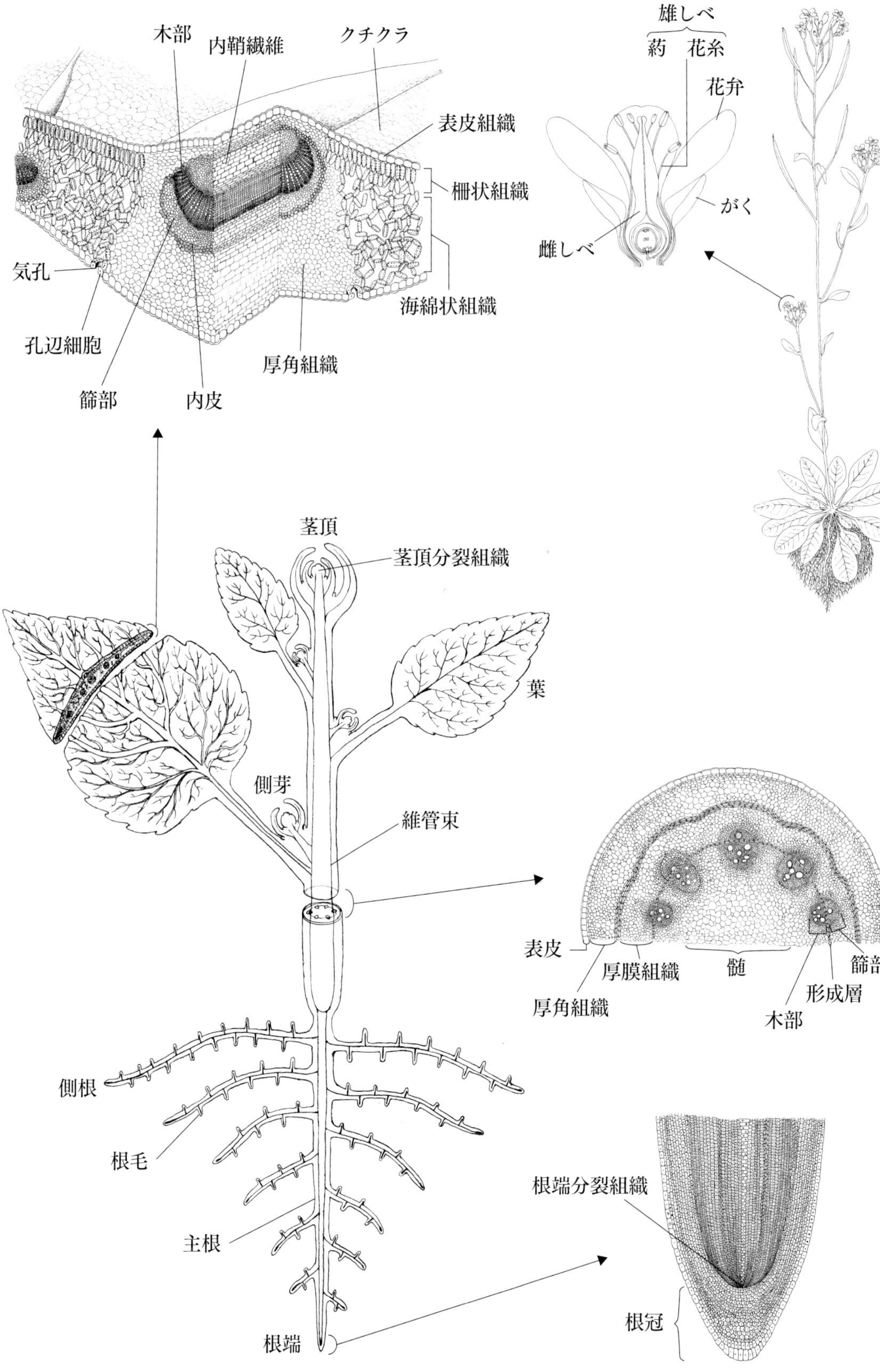
木部
内鞘繊維
クチクラ
表皮組織
柵状組織
海綿状組織
気孔
孔辺細胞
篩部
内皮
厚角組織
雄しべ
葯
花糸
花弁
がく
雌しべ
茎頂
茎頂分裂組織
葉
側芽
維管束
表皮
厚膜組織
髄
篩部
形成層
木部
厚角組織
側根
根毛
主根
根端
根端分裂組織
根冠

被子植物（双子葉）の模式図

左下には植物体の全体像，上部には左から葉の断面，花の断面，シロイヌナズナの全体像，右下には茎の断面，根端の断面が示されている．

葉の断面では粒上の葉緑体が描かれているが，葉緑体を持つ細胞と持たない細胞があることに注目．茎には維管束が見られる．大きく木部と篩部に別れ，主に木部は根から吸い上げられた水が通る導管，篩部は光合成産物などが通る篩管により構成されている．ここに示した図は，被子植物の中でもさらに双子葉植物の代表的なものであり，実際は種により組織の構造が特徴的に異なる．

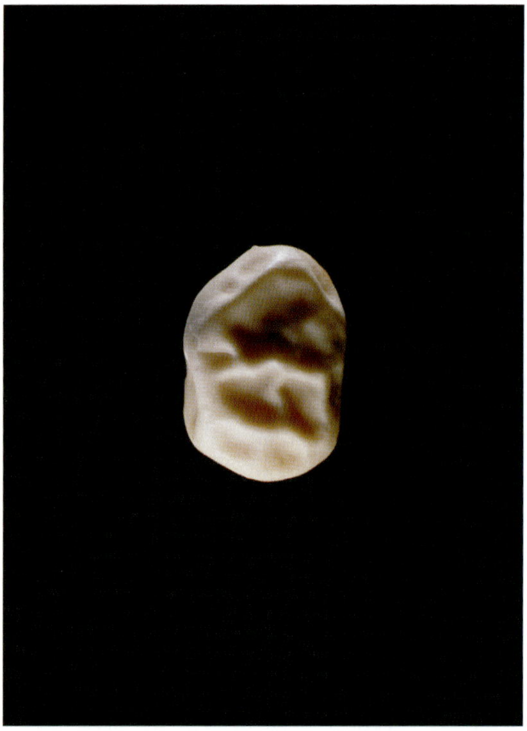

5.1.1

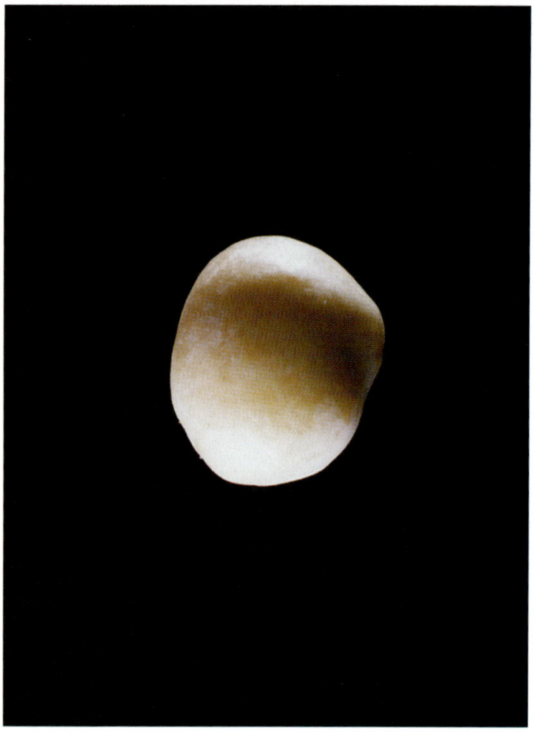

5.1.2

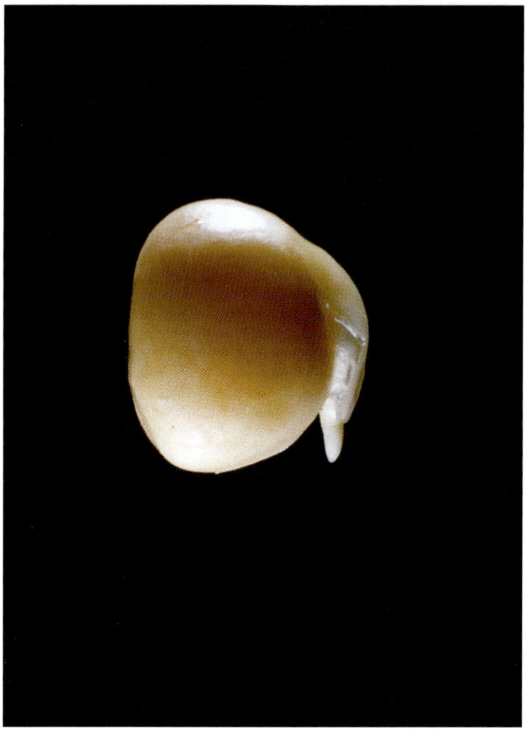

5.1.3

5.1.1 **エンドウの種子 a**
吸水する前のしわの寄ったエンドウ（*Pisum sativum*）の種子．

5.1.2 **エンドウの種子 b**
水に浸けてから 15 時間後の種子．種皮のしわがなくなり膨張している．

5.1.3 **エンドウの発芽 a**
発芽を開始してから 30 時間後のエンドウ種子．種皮が割れて，幼根（未発達の根）が現われている．

5.1.4

5.1.5

5.1.6

5.1.4 **エンドウの発芽 b**
発芽を開始してから 36 時間後のエンドウ種子.

5.1.5 **エンドウの発芽 c**
発芽を開始してから 96 時間後. 芽が現れ, 根が徐々に発達している. 芽はこの後まっすぐになり, 葉を展開させる. エンドウの場合, 子葉は土中に残る.

5.1.6 **エンドウの実生**
よく発達した根が観察できる.

5.1.7

5.1.8 ①

②

5.1.7 **エンドウの花**

倍率約2倍.

完全に展開したエンドウの花．花弁に色素はなく，光の反射によって白く見える．花脈は葉緑体が存在するために緑色をしている．花の形状は典型的な虫媒花であるが，作物化の結果今日では自家受粉を行い，昆虫による媒介の必要はない．

5.1.8 **エンドウの鞘**

①，②とも倍率約2倍.

種子の発達における初期段階のエンドウの鞘．下部にぶら下がっている羽毛のような構造は柱頭表面．萼の下からぶら下がっているのは雄しべ．

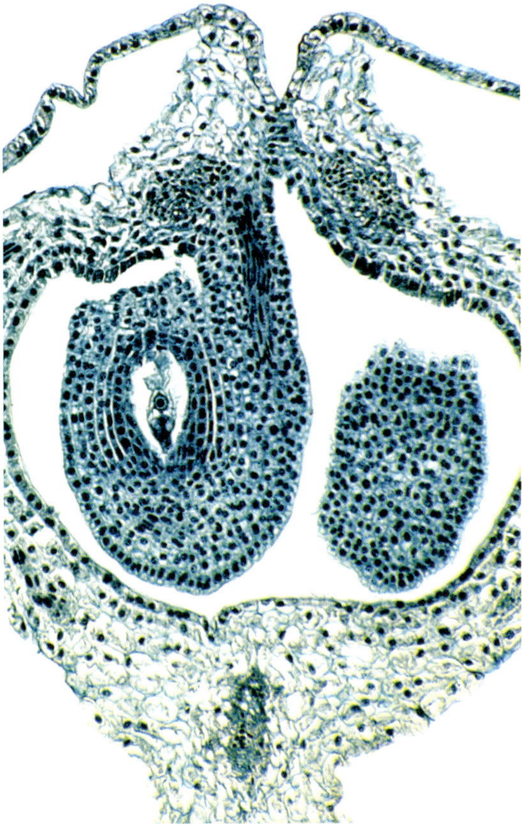

5.1.9

5.1.9 リュウキンカの花の一部

リュウキンカ（*Caltha palustris*）の心皮の垂直方向の切片の光学顕微鏡像.

外側の薄い青色の部分は子房壁でその内側が子房. 子房には胚珠（写真では二つ）が含まれている. 子房の上側から胚珠がぶら下がっている（左）. 胚珠の中心にある空洞の中に卵子が観察できる.

5.1.10

5.1.10 シロイヌナズナの花

野生型のシロイヌナズナ（*Arabidopsis thaliana*）の花. シロイヌナズナは植物で最初に全ゲノム情報が解読された.

5.1.11

5.1.11 ユリの花の生殖器官

ユリ（*Lilium* sp.）の花の生殖器官.

花の雄性生殖器官は雄しべであり, 先端に花粉を生産する葯を持つ. 雌性生殖器官は雌しべであり, 雄しべに囲まれて存在し, 花柱とその先端に受粉の場である柱頭からなる. ユリは虫媒花である.

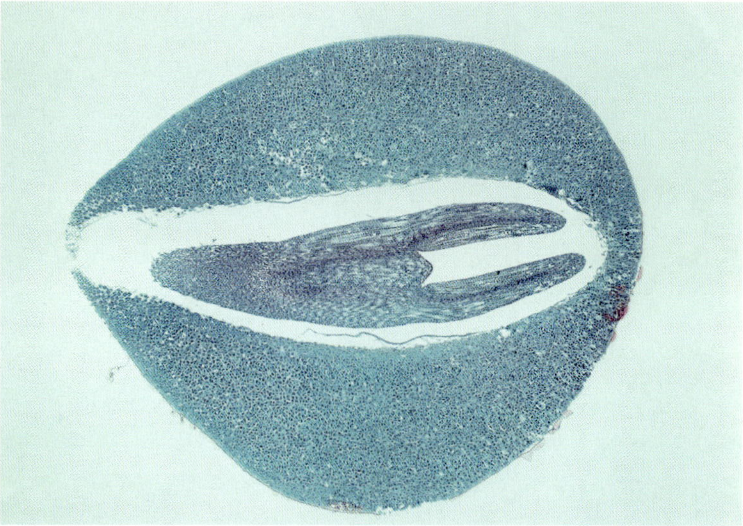
5.1.12

5.1.12 マツの種子

マツ（*Pinus* sp.）の種子の切片の光学顕微鏡写真.
種子の中央に発達途中の胚が観察できる.

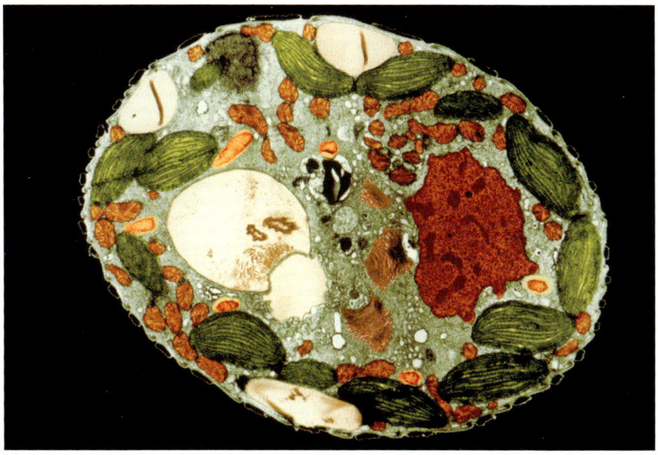
5.2.1

5.2.1 細胞内小器官
植物細胞の透過型電子顕微鏡像（疑似染色）．代表的な細胞内小器官として核，ゴルジ体，ミトコンドリア，葉緑体，小胞体，液胞などが観察できる．

5.2.2 植物細胞 a
リュウノヒゲモの根皮通気組織の透過型電子顕微鏡像，核，葉緑体，ミトコンドリア，細胞質，液胞，細胞壁が見える．

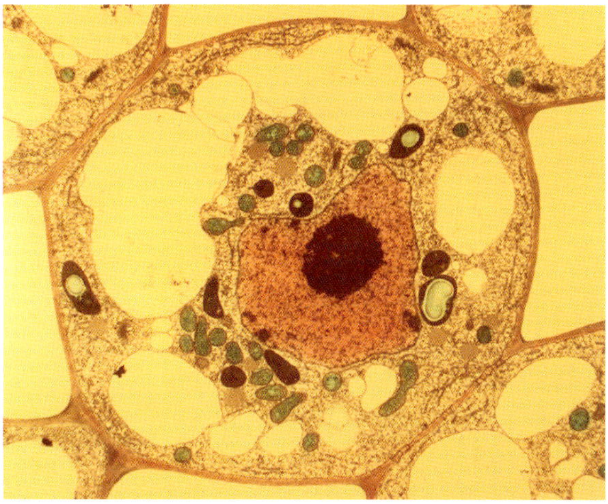
5.2.2

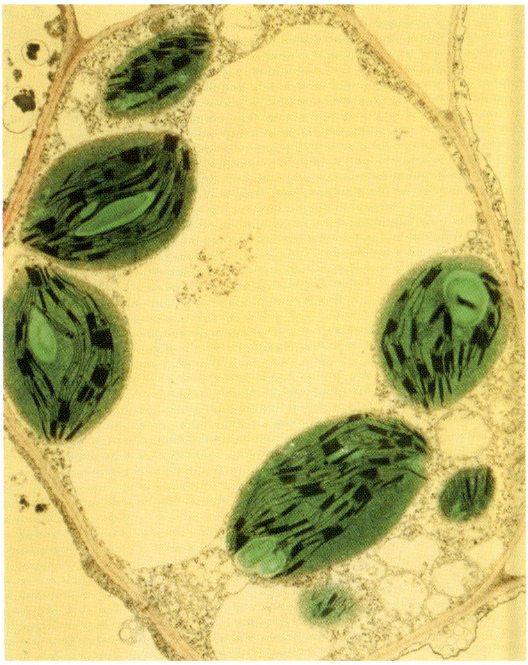
5.2.3

5.2.3 植物細胞 b
チモシー（*Phleum pratense*）の細胞の切片．葉緑体は疑似的に緑色で色付けされている．
写真は典型的な植物細胞であり，様々な細胞内小器官の中でもとりわけ，リボソーム，小胞体といくつかの葉緑体が観察できる．

5.2.4

5.2.4 カナダモの葉

カナダモの葉の細胞と葉緑体の光学顕微鏡写真，160倍．
発達した液胞を持つカナダモの細胞では細胞質が薄い層となり，葉緑体が細胞膜に沿って一方向に一定速度で循環しているのが観察できる（原形質流動）．

5.2.5 有糸分裂

タマネギの根端の分裂組織における有糸分裂．有糸分裂の様々な段階の細胞が観察できる．植物細胞の有糸分裂の大きな特徴は，核分裂後のM期終期で細胞質を二分するように細胞板が形成されることである．細胞板はやがて娘細胞を隔てる細胞壁が形成される．

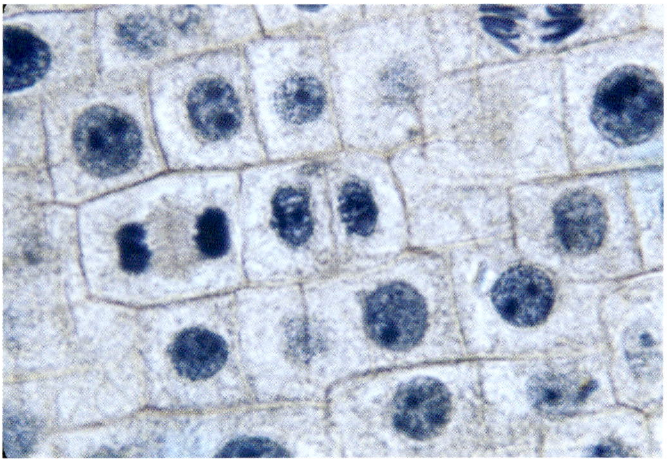

5.2.5

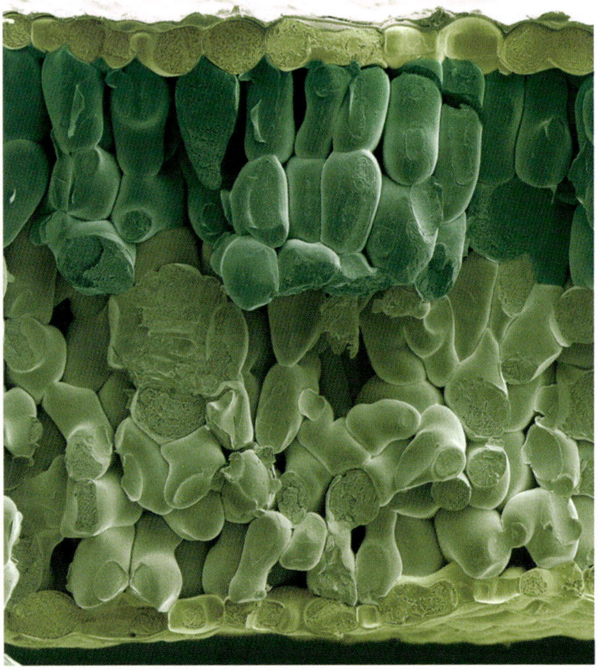

5.2.6

5.2.6 ホウレンソウの葉

ホウレンソウ（*Spinacia oleracea*）の葉の断面の走査型電子顕微鏡像（疑似染色），約1700倍．
上下のそれぞれ1層からなる細胞（黄緑色）の層は葉の表皮．その内側の上部は柵状組織（濃緑色），下部は海綿状組織（薄緑色）．柵状組織細胞にはたくさんの葉緑体が存在し，海綿状組織の細胞には少ない．

5.2.7

5.2.7 クリスマスローズの葉

クリスマスローズ（*Helleborus niger*）の葉の断面の走査型電子顕微鏡像（疑似染色）.
写真の上側が葉の表側表面. そのすぐ内側に細長い細胞が縦になって密に配列している. 薄い青色の部分は, 葉脈を形成している維管束.

5.2.8 コムギの種子

切片の走査型電子顕微鏡像（疑似着色）, 約 420 倍.
コムギ種子の大部分は細胞壁（灰色）に囲まれたデンプン粒（黄色）の貯蔵である. その上部にタンパク質（緑色）を含む細胞の層がある. 種子全体は種皮（茶色）に包まれている.

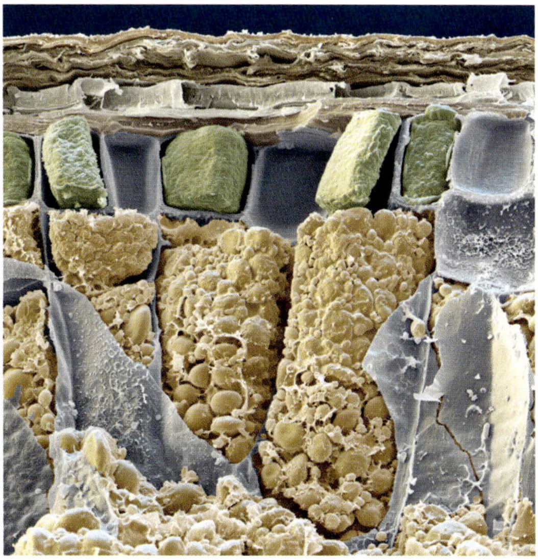

5.2.8

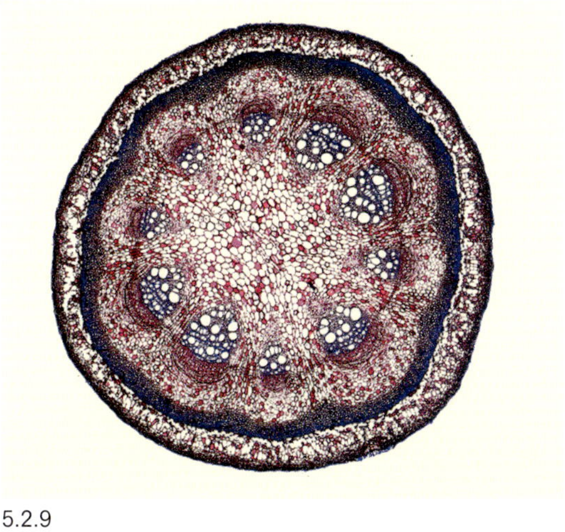

5.2.9

5.2.9 アリストロキアの茎

アリストロキア（*Aristolochia sipho*）の茎の断面の光学顕微鏡写真.
内側の青い円は厚膜繊維の層である. 厚膜繊維は, 発達した二次壁を持つ厚膜細胞で形成される強固な組織である. 厚膜組織の円の内側は師管細胞の層. 青紫色の細胞の束は木部細胞.

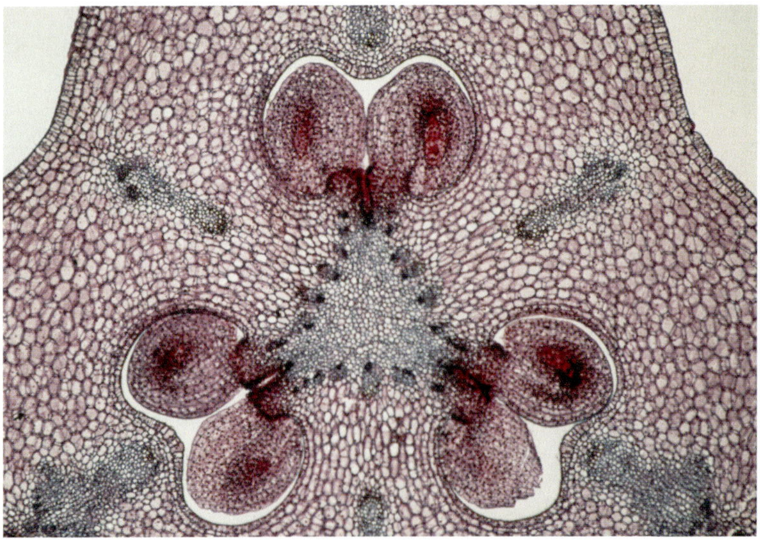

5.2.10

5.2.10 ユリの子房

ユリ（*Lilium* sp.）の子房の切片の光学顕微鏡写真．35mm で倍率 40 倍．
3 個ある子房の空間の中にそれぞれ 2 個の胚珠が見られる．子房は心皮の根元部分であり，花の雌性生殖器官である．多数の黒い小さな斑点は細胞核．

5.2.11 ユリの根端

ユリの根の根冠と頂端分裂組織の光学顕微鏡写真．
分裂組織の細胞は小さく密集しており，細胞核がはっきりと観察できる．

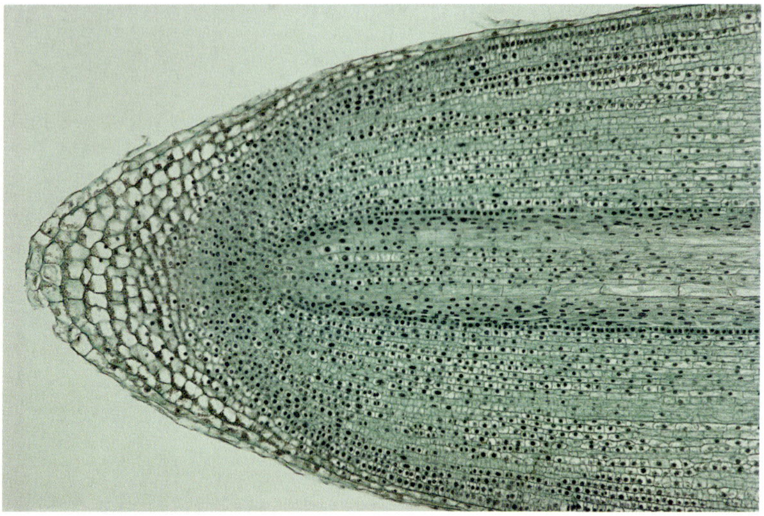

5.2.11

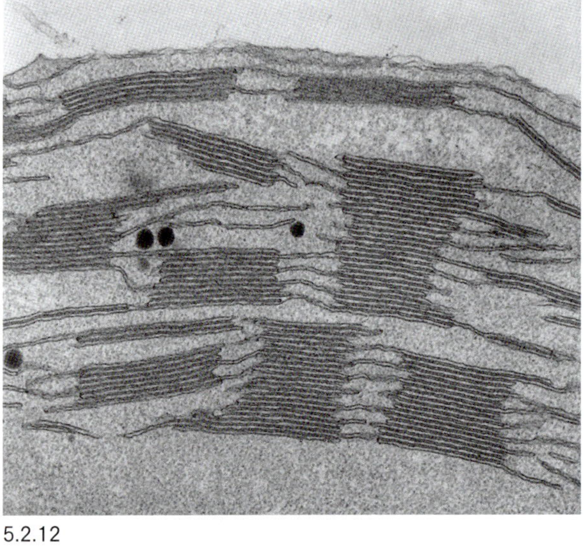

5.2.12

5.2.12 トウモロコシの葉の葉緑体

トウモロコシ（*Zea mays*）の葉の葉緑体におけるグラナ構造の透過型電子顕微鏡像．
グラナは短いチラコイドが重なった構造で，高等植物の葉緑体に特徴的な構造である．黒い粒は，細胞膜合成のための原料の貯蔵として働く脂肪小滴．

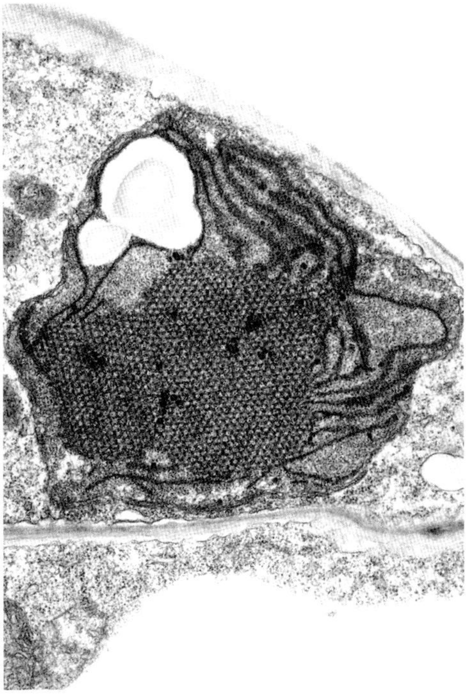

5.2.13

5.2.13 トウモロコシのエチオプラスト

トウモロコシ（*Zea mays*）の若い葉のエチオプラストの透過型電子顕微鏡像.

発芽した種子を暗所で生育し黄化させると，葉の細胞はエチオプラストと呼ばれる特殊な色素体を含む細胞になる．エチオプラストの膜系は，プロラメラボディと呼ばれる結晶様配列構造を持ち，光の刺激を受けることで数時間のうちにチラコイドが形成され，葉緑体になる.

5.2.14 タマネギのアミロプラスト

タマネギ（*Allium cepa*）の根冠細胞のアミロプラストの透過型電子顕微鏡像.

アミロプラストは大量のデンプン（白い小球）を含む色素体である．根冠におけるアミロプラストは，細胞の下方に沈むことで平衡石の役割を果たし，根の成長方向を示すシグナルになっていると考えられている.

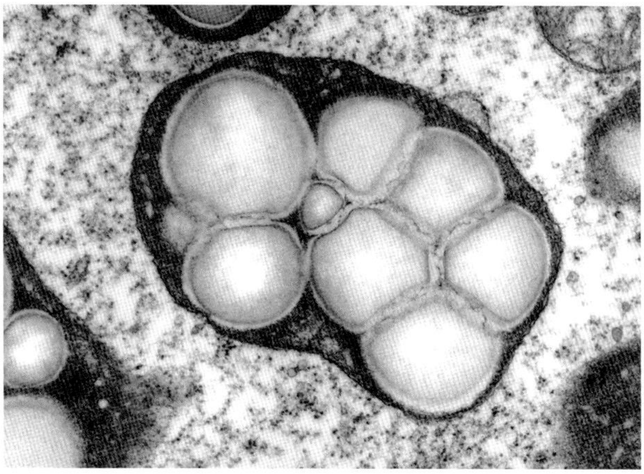

5.1.14

5.2.15

5.2.15 タバコの葉の気孔

タバコ（*Nicotiana tabacum*）の葉の表面にある気孔の走査型電子顕微鏡写真，1650 倍.

気孔は葉あるいは茎の表面に散在している．大気と葉の内部との間で気体の交換を調節している．孔の開閉は両側にある二つの孔辺細胞の膨張によって調節されている．水によって膨張すると孔が開き，膨張が緩むと孔が閉じる.

5.2.16

5.2.16 タバコの組織培養

寒天栄養培地上のタバコ(*Nicotiana tabacum*)の組織培養.

この培養組織は，植物体表面にできた傷の周辺に形成される柔細胞であるカルスから生育させたものである．大量の未分化細胞でも1個の細胞でも，様々な有機物質や塩分，ビタミン，成長物質を含む無菌培地に置くと芽と葉が現れ，通常の植物体が再生される．

5.3.1

5.3.1 ヒヤシンスの栄養生殖

ヒヤシンス（*Hyacinthus orientalis*）の鱗茎から出た二つの芽の断面図．

鱗茎は，茎が何枚もの低出葉で覆われ肥大化したもの．鱗茎の中心にある頂芽には未発達の葉，将来花となる器官，未発達の根が含まれている．それらは養分の貯蔵庫でもある沢山の鱗片に覆われ，いつでも出芽できるようになっている．この写真のように，時おり腋芽が形成され，次期に二つの芽が出ることがある．

5.3.2 アオミドロの接合

接合中のアオミドロ（*Spirogyra* sp.）のフィラメントの光学顕微鏡写真．

接合とは，有性生殖の一つである．アオミドロの場合，2本のフィラメントから接合管が形成され，たがいに接合する．雌にあたる一方のフィラメント（写真では左）から接合管を通って細胞質が移動し，雄にあたるもう一方のフィラメント（写真では右）の細胞の中に融合する．その後この細胞は接合胞子（右，濃緑の卵型）を形成し，ただちに発芽あるいは休眠する．

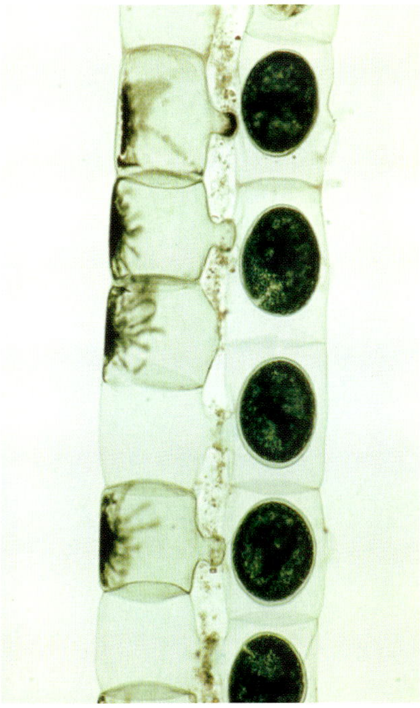

5.3.2

5.3.3

5.3.3 シダ植物の胞子嚢群

シダ植物オオエゾデンダ（*Polypodium vulgare*）の若い胞子嚢群．

胞子嚢は中に胞子を形成する嚢状の生殖器官であり，それらの集合体を胞子嚢群と呼ぶ．多くのシダ植物では，胞子嚢群を葉の裏側に形成する．

5.3.4

5.3.4 シダ植物の前葉体

光学顕微鏡写真.
前葉体はシダ植物の配偶体である.胞子が湿った地に落ちると直ちに発芽し,前葉体が形成される.多くの種でハート型をしており,凹部に分裂組織があり,ハートの両翼部分はおおむね一層の細胞からなっており,中央部に縦に中褥と呼ばれる多細胞層の部分がある.裏側の下部に単細胞からなる仮根が密生し,その間に多数の造精器がある.中褥の先端には造卵器がある.

5.3.5 カモミールの花粉

カモミール(*Chamaemilum nobile*)の花粉の電子顕微鏡写真を着色.
花粉は種子植物の雄性の配偶体である.葯で形成される.大きさ,形状や色は種によって様々で,一般的に直径は 20 ~ 100 μm である.花粉の形態的特徴から植物種を判定することも可能である.

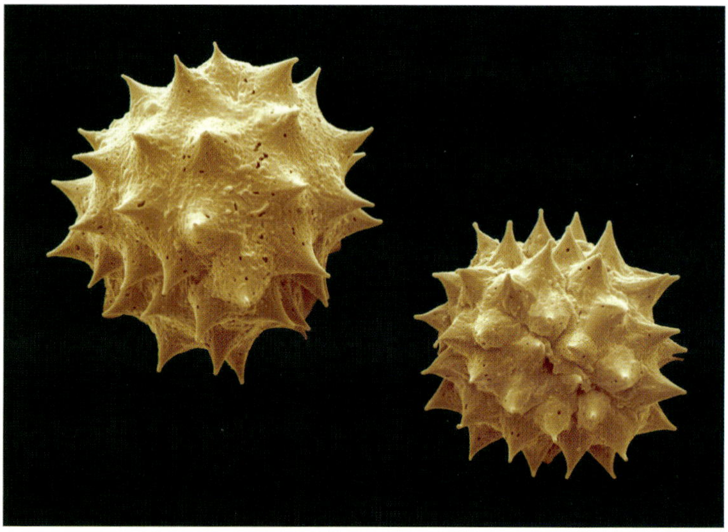

5.3.5

5.3.6

5.3.6 アメリカニワトコ

アメリカニワトコ(*Sambucus canadensis*)の花粉の電子顕微鏡写真を着色.

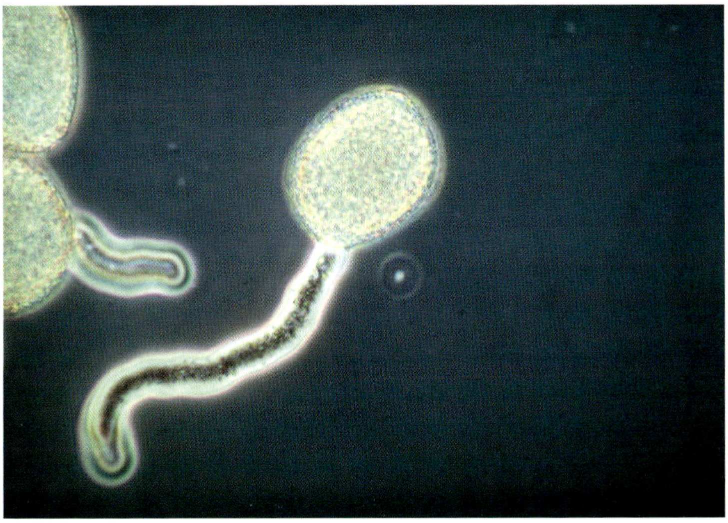

5.3.7

5.3.7 ホウセンカの花粉管

ホウセンカ（*Impatiens* sp.）の花粉管の光学顕微鏡写真．
花粉から発芽して形成される管状構造．花粉が水を吸収して膨潤すると，発芽口から花粉の内膜がはみ出し，花粉管が伸び始める．

5.3.8 トルコギキョウの花粉管

トルコギキョウ（リンドウ科）の雌しべに付いた花粉から伸びる花粉管の走査型電子顕微鏡像を着色．
花粉は顕花植物の精細胞を持つ．花粉が雌しべに付くと，花粉は花粉管を形成し，雌しべの柱頭から花柱の中に侵入し，卵細胞を持つ胚珠にたどり着く．

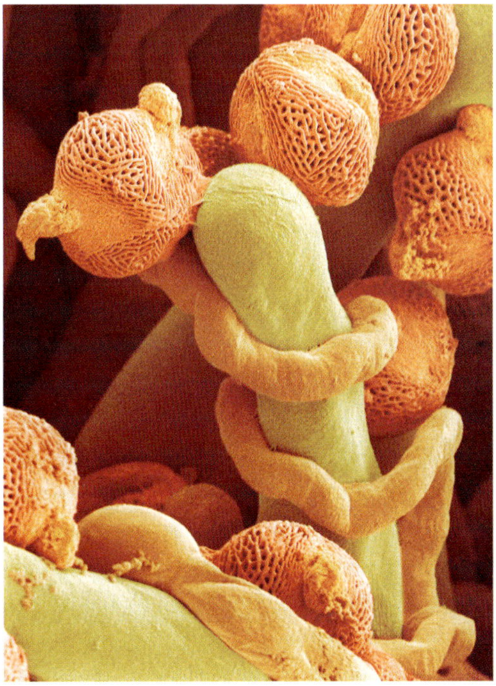

5.3.8

5.4.1

5.4.1 光屈性

光源に向かって屈曲するインゲンマメ（*Phaseolus vulgaris*）の苗．

光屈性は植物に見られる光に対する方向応答性である．植物の茎は光源に向かって成長する正の光屈性を示す．茎の中では植物ホルモンであるオーキシンが光の当たる方向の反対側に移動し，その側が成長することで茎が光源に向かって屈曲する．

5.4.2 負の重力屈性

重力の反対に向かって屈曲するインゲンマメ（*Phaseolus vulgaris*）の苗．

重力屈性は地球の重力場に対する植物の応答である．植物の茎は重力から遠ざかるように成長する負の重力性を示す．重力屈性は，アミロプラストと呼ばれる大量のデンプンを含む色素体が重力場に向かって沈むことで起こる．この刺激が成長ホルモンであるオーキシンの放出を誘導する．

5.4.2

第6章

生命科学分野の重要人物

あまりに複雑な生命現象は，人間の想像をはるかに超越しており，生命を科学的に理解しようという人間の挑戦を退けてきた．しかし，DNA の二重らせんが生命情報の物質的基盤であることが判明してから，すべての生命が持つ共通性と多様性について，科学的な記述が少しずつ可能になってきた．

本章では，生命科学研究の歴史において重要な役割を果たした人物について，その役割を簡単にまとめた．加えて，最近の爆発的な生命科学の知識の蓄積により，人間は生命現象にかかわる科学的な原理に少しずつ近づきつつある．21 世紀が生命科学の世紀といわれる所以である．

年	重要な出来事	関係する人物（カッコ内は出身国名）
B.C.340 頃	動物分類，生物界の体系づけ，発生学	アリストテレス（ギリシャ）
1500 頃	人体解剖学および比較解剖学	ダ・ヴィンチ（イタリア）
1628	血液循環視	ハーヴェイ（イギリス）
1637	生命機械論	デカルト（フランス）
1665	細胞（コルク）の顕微鏡観察	フック（イギリス）
1674	顕微鏡による微生物の観察	レーウェンフック（オランダ）
1735	生物分類の基礎	リンネ（スウェーデン）
1796	種痘法の創始	ジェンナー（イギリス）
1809	進化論の用不用説と獲得形質の遺伝	ラマルク（フランス）
1831	細胞核の発見	ブラウン（イギリス）
1839	細胞説の確立	シュワン（ドイツ）
1858	進化の自然選択説	ダーウィン、ウォレス（イギリス）
1859	「種の起源」刊	ダーウィン（イギリス）
1860	アルコール発酵の研究	パスツール（フランス）
1861	自然発生説の否定	パスツール（フランス）
1865	実験医学の方法論	ベルナール（フランス）
1865	遺伝に関するメンデルの法則	メンデル（オーストリア）
1876	炭素菌の培養	コッホ（ドイツ）
1883	白血球の食作用	ゴルジ（イタリア）
1900	メンデルの法則の再発見	ド・フリース（オランダ）ら
1901	突然変異説	ド・フリース（オランダ）
1901	ABO 式血液型の発見	ラントシュタイナー（オーストリア）
1924	胚の形成体の先見	シュペーマン（ドイツ）
1926	遺伝子説	モーガン（アメリカ）
1927	人為的突然変異の創出	マラー（アメリカ）
1927	ミツバチの本能行動	フリッシュ（オーストリア）
1929	ATP の発見	ローマン（ドイツ）
1936	生命起源のコアセルベート説	オパーリン（ロシア）
1937	クエン酸回路の発見	クレブス（ドイツ・イギリス）
1944	肺炎双球菌の形質転換	アベリー（アメリカ）
1945	一遺伝子一酵素説	ビードル、テータム（アメリカ）
1950	核酸塩基含量の研究	シャルガフ（オーストリア）

生命科学分野の重要な出来事と人物

ここに生命科学分野の出来事と人物について，重要と思われるものを表にして示した．年代，事項，研究者については，理科年表（平成 20 年度版）を参考にした．理科年表に掲載されていないものは，発表論文を基準に年代を決定した．

ここでは，1950 年までを左表，1951 年以降を右表に分けてある．実際，近年の爆発的な生命科学研究の基盤となる重要な分子生物学的研究が，1950 年代頃から多く行われてきたことがわかる．

年	重要な出来事（続き）	関係する人物（カッコ内は出身国名）（続き）
1951	タンパク質の α - ヘリックス構造	ポーリング、コリー（アメリカ）
1951	「動く遺伝子」の概念	マクリントック（アメリカ）
1952	腫瘍ウイルスとがんの研究	ダルベッコ（イタリア）
1952	ファージを材料とした遺伝子研究	ハーシー（アメリカ）
1953	神経興奮におけるナトリウム説	ホジキン、ハクスリー（イギリス）
1953	化学進化仮説の証明実験	ミラー（アメリカ）
1953	DNA の二重らせん構造	ワトソン（アメリカ）、クリック、ウィルキンス、フランクリン（イギリス）
1955	RNA の酵素的合成	オチョア（スペイン）
1957	光合成の二酸化炭素固定経路	カルビン（アメリカ）
1957	cAMP の発見	サザーランド、ラル（アメリカ）
1958	DNA の酵素的合成	コーンバーグ（アメリカ）ら
1958	ニンジン単細胞から個体の形成	スチュワート（アメリカ）
1958	DNA の半保存的複製の証明	メセルソン、スタール（アメリカ）
1961	遺伝子制御のオペロン説	ジャコブ、モノー、ルウォフ（フランス）
1961	無細胞のタンパク質合成系確立	ニーレンバーグ（アメリカ）
1965	遺伝暗号の解読	コラーナ（インド）ら
1965	トランスファー RNA の構造決定	ホリー（アメリカ）
1967	ミトコンドリア・葉緑体の共生起原説	マーギュリス（アメリカ）
1968	岡崎断片の発見	岡崎令治（日本）
1970	逆転写酵素の発見	テミン、ボルチモア（アメリカ）
1972	生体膜の流動モザイクモデル	シンガー , ニコルソン（アメリカ）
1973	遺伝子組換え技術の発展	コーエン、ボイヤー（アメリカ）ら
1974	モデル生物としての線虫の確立	ブレナー（イギリス）
1975	DNA 解析におけるサザン法の開発	サザン（イギリス）
1977	ファージの全塩基配列の決定	サンガー（イギリス）
1977	核酸の塩基配列決定法	マクサム、ギルバート（アメリカ）
1977	抗体遺伝子の構造決定	利根川進（日本）ら
1981	胚性幹細胞（ES 細胞）の樹立	エバンス（アメリカ）ら
1985	PCR 法の開発	マリス（アメリカ）
1995	クローン羊ドリーの作出	ウィルマット（イギリス）ら
2000	ヒトゲノムのドラフト配列決定	国際ヒトゲノムコンソーシアム

6.1.1

6.1.1 ハーヴェイ

William Harvey（1578 年 4 月 1 日—1657 年 6 月 3 日，イギリス）

血液は心臓を出発点に，動脈経由で身体各部に送られ，静脈経由でふたたび心臓へ戻ってくるという血液循環説を唱えた．

6.1.2

6.1.2 フック

Robert Hooke（1635 年 7 月 18 日—1703 年 3 月 3 日，イギリス）

ばねのような弾性体の復元力と変形量の間に比例関係があることを発見した（フックの法則）．また，顕微鏡で多くの観察を行い，Micrographia という書物を刊行した．この絵は，フックが暗室で風景画をスケッチしている場面のものである．銅版画，1694 年，作者不明．

6.1.3

6.1.3 レーウェンフック

Anton van Leeuwenhoek（1632 年 10 月 24 日—1723 年 8 月 26 日，オランダ）

彼はもともと商人で，専門的な科学の教育を受けていないが，手作りで単眼式の顕微鏡を 500 個以上も作成し，それを用いて多くの観察を行った．ロバート・フックによって，彼の観察結果は当時の学術界に紹介された．

6.1.4

6.1.4 リンネ

Carl von Linné（Carolus Linnaeus）（1707年5月23日—1778年1月10日，スウェーデン）
生物の分類を体系化し，また，二命名法と呼ばれる生物の命名方法を考案した．Painting, 1739, by Johan Henrik Scheffel.

6.1.5

6.1.5 ラマルク

Jean-Baptiste Pierre Antoine de Monet, Chevalier de Lamarck（1744年8月1日—1829年12月28日，フランス）
進化学の分野において，生物がその生涯のうちに獲得した形質が次世代に伝わるという「獲得形質の遺伝」，生物に必要な形質は発達し，必要でない形質は退化するという「用不用説」を唱えた．

6.1.6

6.1.6 ブラウン

Robert Brown（1773年12月21日—1858年6月10日，イギリス）
イギリスの植物学における最重要人物のひとり．細胞に核があることを発見した．また，植物に被子植物と裸子植物があることを発見した．溶液中で観察される分子の運動をブラウン運動というが，これは彼の名を冠したものである．

6.1.7 シュワン

Theodor Schwann(1810 年 12 月 7 日—1882 年 1 月 11 日，ドイツ)
生命の最小構成単位は細胞であるという細胞説を提唱した．また代謝という概念の提唱，胃液からのペプシンという酵素の発見，神経鞘におけるシュワン細胞の発見など，多くの業績がある．Lithograph, 1857, by Rudolf Hoffmann.

6.1.7

6.1.8

6.1.8 ダーウィン

Charles Robert Darwin（1809 年 2 月 12 日—1882 年 4 月 19 日，イギリス）
航海探検に同行し，そこでガラパゴス諸島の生物の多様性を目の当たりにした．そこで培った考えを発展させ，生物の進化における自然選択説を提唱した．

6.1.9

6.1.9 パスツール

Louis Pasteur（1822 年 12 月 27 日—1895 年 9 月 28 日，フランス）
分子の光学異性体を発見した．また生命の自然発生説を否定し，殺菌法を開発するなど，多くの業績がある．コッホとともに，近代細菌学の開祖と呼ばれる．

6.1.10

6.1.10 ベルナール

Claude Bernard（1813 年 7 月 12 日—1878 年 2 月 10 日，フランス）
生物の環境が生物体を取り囲む外部環境と，生物体を構成する細胞を取り囲む内部環境に分かれるという考えを示した．この考えは，内部環境を一定に保つホメオスタシスという概念に発展した．1876 年撮影．

6.1.11

6.1.11 メンデル

Gregor Johann Mendel（1822 年 7 月 20 日—1884 年 1 月 6 日，オーストリア）
彼は聖職者であり，職業的な研究者ではなかったが，15 年にわたって，エンドウマメを用いた遺伝の研究を行い，メンデルの法則を発見した．彼の死後 16 年にわたって，彼の業績を正当に評価できる人は出てこなかった．

6.1.12

6.1.12 コッホ

Heinrich Hermann Robert Koch（1843 年 12 月 11 日 —1910 年 5 月 27 日，ドイツ）
細菌の培養法を開発した．また炭疽菌，結核菌，コレラ菌を発見し，近代医学の発展に大きく貢献した．パスツールと並び，近代細菌学の開祖と称される．1905 年ノーベル生理学・医学賞受賞．

6.1.13

6.1.15

6.1.13 **ゴルジ**

Camillo Golgi（1843 年 7 月 7 日 —1926 年 1 月 21 日，イタリア）

神経，細胞の構造，マラリアなど，多くの研究を行った．細胞内小器官であるゴルジ体の発見者．神経系の構造の研究により，1906 年にノーベル生理学・医学賞を受賞した．

6.1.15 **ラントシュタイナー**

Karl Landsteiner(1868 年 6 月 14 日—1943 年 6 月 26 日，オーストリア)

人間の ABO 式血液型を発見した．この功績により，1930 年度ノーベル生理学・医学賞を受賞した．その後，彼は Rh 式血液型も発見した．

6.1.14

6.1.14 **ド・フリース**

Hugo Marie de Vries（1848 年 2 月 16 日—1935 年 5 月 21 日，オランダ）

1900 年に，メンデルの法則を再発見した．また，生物の進化は突然変異によって生じるという突然変異説を提唱した．

6.1.16

6.1.16 シュペーマン

Hans Spemann（1869 年 6 月 27 日―1941 年 9 月 9 日，ドイツ）

動物胚における誘導作用の研究を行った．その功績により，1935 年にノーベル生理学・医学賞を受賞した．なお，彼の研究には，マンゴールド Hilde Mangold の実験が大きく貢献している．

6.1.17

6.1.17 モーガン

Thomas Hunt Morgan（1866 年 9 月 25 日―1945 年 12 月 4 日，アメリカ）

ショウジョウバエを実験材料に，染色体が遺伝に果たす役割を研究した．その功績により 1933 年にノーベル生理学・医学賞を受賞した．彼の門下には多くのノーベル賞受賞者がいる．

6.1.18

6.1.18 マラー

Hermann Joseph Muller（1890 年 12 月 21 日―1967 年 4 月 5 日，アメリカ）

ショウジョウバエを実験材料に用い，X 線を致死量照射することにより，人工的に突然変異を高頻度で誘発できることを発見した．この功績により 1946 年にノーベル生理学・医学賞を受賞した．モーガンの弟子である．

6.1.19

6.1.19 フリッシュ

Karl von Frisch（1886年11月20日—1982年6月12日，オーストリア）
ミツバチを材料に研究を行った．そこで彼はミツバチの8の字ダンスなど，個体行動及び社会的行動の様式の組織化と誘発に関する発見を行い，1973年にティンバーゲン，ローレンツと共にノーベル医学生理学賞を受賞した．1965年撮影．

6.1.20

6.1.20 オパーリン

Alexandr Ivanovich Oparin（1894年3月2日—1980年4月21日，ロシア）
1920年代に，生命の起源に関する化学進化仮説（コアセルベート仮説）を提唱した．彼は原始生命が水，メタン，アンモニア，水素から出発したと主張した．またこれらの化合物は原始地球に存在し，これらが合わさって複雑な生化学的反応体系を構築していき，ついには原始的な生命になっていったと考えた．

6.1.21

6.1.21 クレブス

Sir Hans Adolf Krebs（1900年8月25日—1981年11月22日，ドイツ・イギリス）
代謝における酵素反応について研究を行った．クエン酸回路（クレブス回路）を発見し，その功績により1953年にノーベル生理学・医学賞を受賞した．また彼は，尿素回路の発見者でもある．1953年撮影．

6.1.22

6.1.22 アベリー

Oswald Theodore Avery（1877 年 10 月 21 日—1955 年，カナダ・アメリカ）

肺炎双球菌から物質を抽出し，それをマウスに感染させるという実験を行った．その結果，DNA が遺伝子の実体であるということを発見した．彼の研究室にて撮影．

6.1.23

6.1.24

6.1.23 ビードル

George Wells Beadle（1903 年 10 月 22 日—1989 年 6 月 9 日，アメリカ）

ショウジョウバエやアカパンカビを材料に研究を行い，一遺伝子一酵素説を提唱した．遺伝子が特定の化学反応の調節によって作用することを発見し，その功績により，テータムとともに 1958 年度のノーベル生理学・医学賞を受賞した．モーガンの弟子である．

6.1.24 テータム

Edward Lawrie Tatum（1909 年 12 月 14 日—1975 年 11 月 5 日，アメリカ）

ビードルの研究室に入り，アカパンカビを材料とした実験を始めた．またアカパンカビに X 線や紫外線を照射することにより，多くの変異体を得た．この研究を通じた一遺伝子一酵素説の発見，遺伝子が特定の化学反応の調節によって作用することの発見という功績により，ビードルとともに 1958 年度のノーベル生理学・医学賞を受賞した．

6.1.25 マクリントック

Barbara McClintock（1902年6月16日—1992年9月2日，アメリカ）
トウモロコシを実験材料に，染色体の研究を行った．遺伝子は安定に固定されたものではなく，欠失したり，染色体中を移動することがあることを示した．この「動く遺伝子」の概念はDNAの構造さえ不明であった1951年に発表され，長らく理解されることがなかった．しかしその後，「動く遺伝子」がトランスポゾンの一種であることが明らかになり，彼女は1983年度ノーベル生理学・医学賞を受賞した．

6.1.25

6.1.26

6.1.26 ダルベッコ

Renato Dulbecco（1914年2月22日—，イタリア）
動物細胞に感染する腫瘍ウイルスを研究し，その感染メカニズムを解明した．その功績により，1975年度ノーベル生理学医学賞受賞者の一人となった．1995年撮影．

6.1.27

6.1.27 ハーシー

Alfred Day Hershey（1908年12月4日—1997年5月22日，アメリカ）
ウイルスの増殖機構と遺伝的構造に関する研究を行った．その功績により，1969年にルリア，デルブリュックとともにノーベル生理学・医学賞を受賞した．

6.1.28

6.1.28 ホジキン

Alan Lloyd Hodgkin（1914年2月5日—1998年12月20日，イギリス）

神経細胞の活動電位の研究を行った．神経細胞の膜の辺縁と中心部での興奮と抑制のイオン機構に関する発見をし，その功績により，ハクスリーらとともに1963年度のノーベル生理学・医学賞を受賞した．

6.1.29

6.1.29 ハクスリー

Sir Andrew Fielding Huxley（1917年11月22日—，イギリス）

神経細胞の膜の辺縁と中心部での興奮と抑制のイオン機構に関する発見をし，その功績により，ホジキンらとともに1963年度のノーベル生理学・医学賞を受賞した．1974年に騎士の称号を得た．

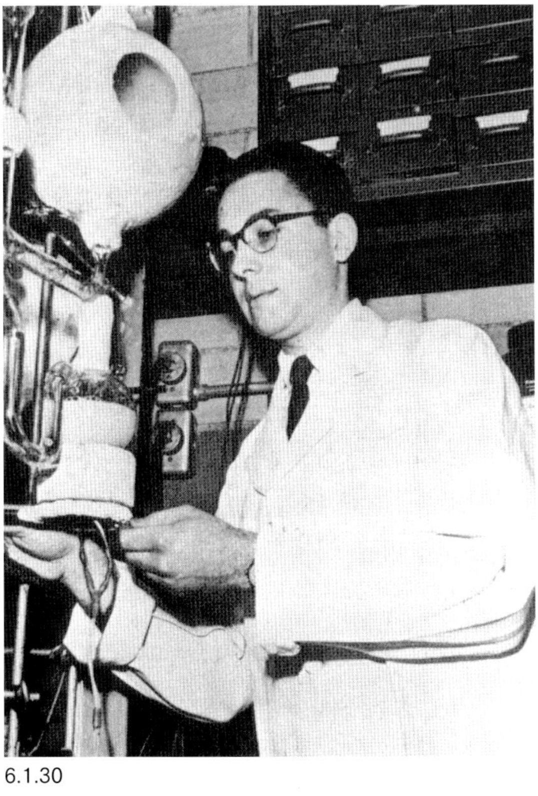

6.1.30

6.1.30 ミラー

Stanley Lloyd Miller（1930年3月7日—2007年5月20日，アメリカ）

化学進化仮説に基づき，フラスコを原始地球に見立てて水，メタン，水素，アンモニアを封入し，そこに雷を模した放電を繰り返すことで，約1週間後に，フラスコ内にアミノ酸が生成することを見出した．1953年に行われたこの実験は，生命の起源に重要な示唆を与えるものとして高く評価されている．

6.1.31

6.1.31 **ワトソンとクリック**

James Dewey Watson（1928 年 4 月 6 日―，アメリカ）（左）
Francis Harry Compton Crick（1916 年 6 月 8 日―2004 年 7 月 28 日，イギリス）（右）
1953 年に，DNA が二重らせん構造であることを発表した．この功績により，彼らはウィルキンスとともに，1962 年ノーベル生理学・医学賞を受賞した．彼らの発見には，ウィルキンスやフランクリンの X 線回折写真と，生物の DNA では，A の数と T の数が等しく，C の数と G の数が等しいというシャルガフの法則が大きく貢献している．

6.1.32

6.1.32 **ウィルキンス**

Maurice Hugh Frederick Wilkins（1916 年 12 月 15 日―2004 年 10 月 5 日，ニュージーランド・イギリス）
フランクリンらとともに X 線回折による DNA の構造研究を行った．その功績により，ワトソン，クリックとともに，1962 年にノーベル生理学・医学賞を受賞した．

6.1.33

6.1.33 **フランクリン**

Rosalind Elsie Franklin（1920 年 6 月 25 日 ―1958 年 4 月 16 日，イギリス）
DNA の二重らせん構造の解明に決定的な役割を果たす X 線回折写真を撮影した．1962 年にワトソン，クリック，ウィルキンスが DNA の構造解明によりノーベル生理学・医学賞を受賞したが，フランクリンは 1958 年に 37 歳の若さでこの世を去っており，彼女はノーベル賞を受賞していない．

6.1.34

6.1.34 オチョア

Severo Ochoa de Albornoz（1905 年 9 月 24 日—1993 年 11 月 1 日，スペイン・アメリカ）

RNA に関する研究を行い，RNA 分解酵素の発見，その逆反応を利用した人工的な RNA 合成などの業績を残した．その功績により，1959 年度ノーベル生理学・医学賞を受賞した．1955 年，彼の研究室にて撮影．

6.1.35

6.1.35 カルビン

Melvin Calvin（1911 年 4 月 8 日—1997 年 1 月 8 日，アメリカ）

光合成における炭酸固定の研究を行い，カルビン回路と呼ばれる炭酸固定の一連の化学反応を特定した．その功績により，1961 年にノーベル化学賞を受賞した．

6.1.36

6.1.36 サザーランド

Earl Wilbur Sutherland Jr.（1915 年 11 月 19 日—1974 年 3 月 9 日，アメリカ）

アドレナリン（エピネフリン）というホルモンの機能を研究した．このホルモンの研究を通じて，生体内における情報伝達機構の一端が明らかになった．この功績により，1971 年度ノーベル生理学・医学賞を受賞した．1970 年撮影．

6.1.37

6.1.37 コーンバーグ

Arthur Kornberg（1918年3月3日―2007年10月26日，アメリカ）

酵素学の権威であり，非常に多くの酵素を同定した．また，補酵素であるFADやNADを発見した．DNAを合成するDNAポリメラーゼⅠを同定し，その功績により1959年度ノーベル生理学・医学賞を受賞した．また，彼の息子のロジャー・コーンバーグはノーベル化学賞の受賞者である．

6.1.38

6.1.38 メセルソン

Matthew Stanley Meselson（1930年5月24日―，アメリカ）

スタールとともに，窒素の放射性同位体を用いた実験を行い，DNAの複製が片方の鎖を鋳型として行われる半保存的複製であることを証明した．1964年撮影．

6.1.39

6.1.39 ジャコブ

François Jacob（1920年6月17日―，フランス）

mRNAを発見した．また，遺伝子発現調節の機構として，転写制御とフィードバックを骨子としたオペロン説を提唱した．この功績により，ルウォフ，モノーとともに1965年度ノーベル生理学・医学賞を受賞した．

6.1.40

6.1.40 モノー

Jacques Lucien Monod（1910 年 2 月 9 日—1976 年 5 月 31 日，フランス）
大腸菌がガラクトースを栄養源とする際に発現する遺伝子を同定した．またジャコブとともに，これら遺伝子の調節機構としてオペロンという概念を提唱した．この功績により，1965 年度ノーベル生理学・医学賞を受賞した．

6.1.41

6.1.41 ルウォフ

André Michel Lwoff(1902 年 3 月 8 日—1994 年 9 月 30 日，フランス）
遺伝学的な観点から，大腸菌に感染するλファージというウイルスの生活環を明らかにした．この功績により，1965 年度ノーベル生理学・医学賞を受賞した．同時受賞者のジャコブとモノーは，彼の弟子である．

6.1.42

6.1.42 ニーレンバーグ

Marshall Warren Nirenberg(1927 年 4 月 10 日—, アメリカ）
無細胞系における人工的タンパク質合成系を開発し，それを用いて，遺伝子の翻訳と遺伝暗号の研究を行った．
この功績により，ホリー，コラーナとともに 1968 年度のノーベル生理学・医学賞を受賞した．

6.1.43

6.1.43 コラーナ

Har Gobind Khorana（1922年1月9日—，インド・アメリカ）
遺伝暗号に関する研究を行い，64通りからなる3塩基の暗号と20種類から成るアミノ酸との対応関係を明らかにした．そこで彼は，複数の遺伝暗号が同一のアミノ酸を指定することを発見した（コドンの縮重）．この功績により，1968年に，ホリーとニーレンバーグとともに，ノーベル生理学・医学賞を受賞した．

6.1.44

6.1.44 ホリー

Robert William Holley（1922年1月28日—1993年2月11日，アメリカ）
遺伝暗号の解読とタンパク質の合成機構に関する発見を行い，1968年に，コラーナとニーレンバーグとともに，ノーベル生理学・医学賞を受賞した．

6.1.45

6.1.45 岡崎令治

（1930年10月8日—1975年8月1日，日本）
DNA複製過程に見られる岡崎フラグメント（岡崎断片）を発見した．志半ばで早世した．その後，研究は夫人の岡崎恒子博士により引き継がれ，発展した．1975年2月撮影，44歳のときのもの．

6.1.46

6.1.46 ボルチモア

David Baltimore（1938年3月7日―，アメリカ）

1970年に，ある種の腫瘍ウイルスから，RNAの配列を鋳型としてDNAを作り出す逆転写酵素を発見した．逆転写酵素の発展により，分子生物学は革命的な進展を遂げた．その功績により，1975年度ノーベル生理学医学賞を受賞した．

6.1.47

6.1.47 ブレナー

Sydney Brenner（1927年1月13日―，イギリス）

C. elegans と呼ばれる非寄生性土壌線虫を研究のモデル生物として用いることを提唱し，その研究体制を立ち上げた．線虫を用いた重要な研究成果にアポトーシスがあり，この功績により，ホロビッツとサルストンとともに2002年度ノーベル生理学・医学賞を受賞した．

6.1.48

6.1.48 サザン

Sir Edwin Mellor Southern（1938年6月7日―，イギリス）

DNAや遺伝子研究で多用される，サザン解析という実験手法の開発者．彼に敬意を表し，サザン解析を応用した実験手法にノーザン解析，ウエスタン解析などの名称が西欧流の冗談で用いられている．1980年代に撮影．

6.1.49

6.1.51

6.1.49 **サンガー**

Frederick Sanger（1918年8月13日—，イギリス）
タンパク質のアミノ酸配列を決定する方法を確立し，この手法を用いてインスリンの一次構造の特定に初めて成功した．この功績により1958年のノーベル化学賞を受賞した．更に，DNAの塩基配列の決定法を開発し，その功績により1980年に再びノーベル化学賞を受賞した．

6.1.51 **マリス**

Kary Banks Mullis（1944年12月28日—，アメリカ）
ポリメラーゼ連鎖反応（PCR）法を開発した．その功績により，1993年にノーベル化学賞を受賞した．2005年撮影．

6.1.50

6.1.50 **ギルバート**

Walter Gilbert（1932年3月21日—，アメリカ）
サンガーとはまったく別の方法で，DNAの塩基配列を解読する手法を開発した．この功績により，1980年にノーベル化学賞を受賞した．また，彼はヒトゲノム計画の推進者の一人であり，RNAワールドという言葉を使い始めた初めの一人でもある．1989年5月，彼の研究室にて撮影．

第７章

実験機器・材料

生物学の実験には，比較的単純な仕組みのものから，最先端の技術が凝縮された大型の装置まで様々な実験機器が用いられている．近年急速に発展した分子生物学の分野では，DNA やタンパク質といった直接目で見ることができないものを実験の対象とするため，様々な工夫がなされている．たとえば，チューブと呼ばれるプラスチック製の小型試験管や，微量の試料を軽量するマイクロピペットの先端部分のチップなどは，実験ごとに新しいものが利用される．また，目的の DNA やタンパク質が生成されているかどうかは，電気泳動という技術によって，試料をサイズごとに分類することで確認することが多い．

細胞や動物自体が直接の実験材料になることも，生命科学研究の特徴だろう．細胞を実験室で培養し，DNA や RNA を採取したり，人工的に作り変えた DNA を細胞に入れることもある．一方，DNA の配列解析の分野では，機器が大型化し収集されるデータ量も膨大なため，コンピューターが果たす役割も大きくなっている．7 章ではこうした実験機器や材料の写真を見ていくことにしよう．

実験室の風景

生物学の実験を行う部屋には，大小様々な実験器具が並んでいる．ゴム手袋やゴーグルで実験者の安全を守る一方，実験試料に実験者由来のタンパク質などが混入する事を防いでいる．生物学の実験では，自然界に存在するDNA配列を人工的に組み替えた試料を扱うことも多いため，こうしたDNAが自然界へ拡散するのを防ぐ目的で，実験内容のレベルに応じて，その部屋がしたがうべき規則が定められている．

7.1.1

7.1.1 マグネチックスターラー

モーターと磁石あるいは，コイルの磁場を利用して，ビーカーやフラスコ中の磁石製の撹拌子を回転させ，溶液を撹拌する装置．撹拌と同時に加熱できるものもある．

7.1.2 サーマルサイクラー

試料の温度をコントロールするための装置．温度変化を素早く行うための様々な工夫がなされている．試料に繰り返し温度変化を与えなければならないPCR反応でよく用いられる．

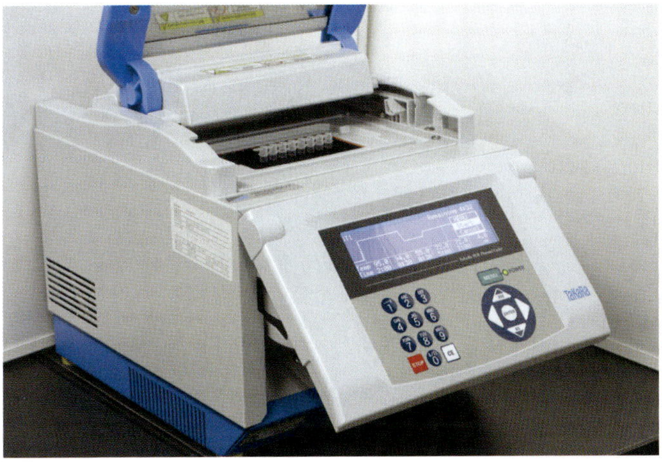

7.1.2

7.1.3

7.1.3 ボルテックスミキサー

振動により液体試料を非接触的に撹拌することができる装置．非接触撹拌により，微量の試料や密封の必要のある試料の撹拌も可能である．

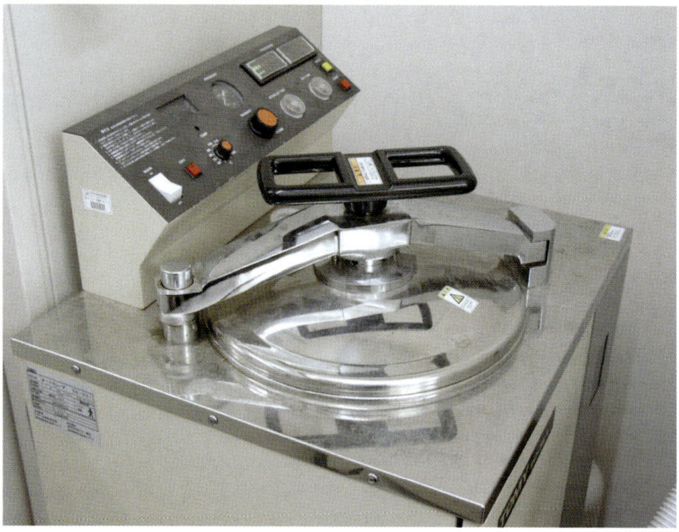

7.1.4

7.1.4 オートクレーブ

密閉下で高温高圧の状態を保つことができる耐熱耐圧の装置．高温高圧により変性しない金属やガラス製品や，固体・液体試薬等を滅菌処理する際に用いる．この滅菌方法はオートクレーブ滅菌と呼ばれる．

7.1.5 遠心機

内部ロータが回転することでその遠心力により，液体混合試料中の水と有機溶媒の分離や，液体試料中の沈殿物の回収等ができる装置．タンパク質や核酸の分離・精製によく用いられる．

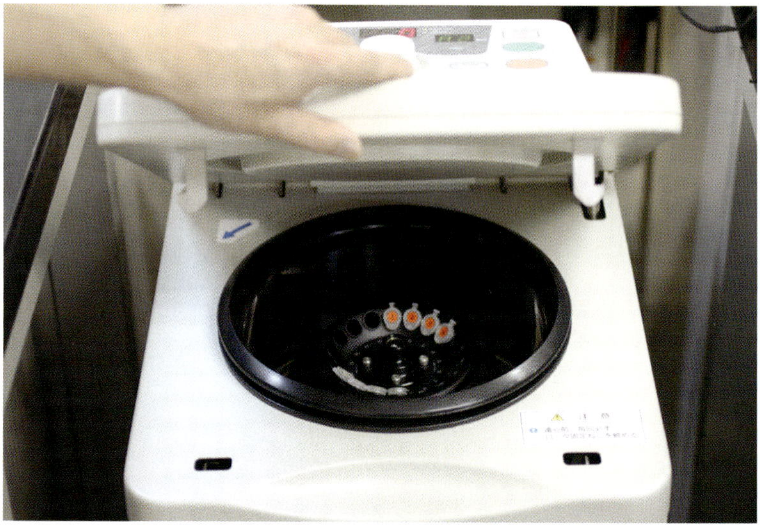

7.1.5

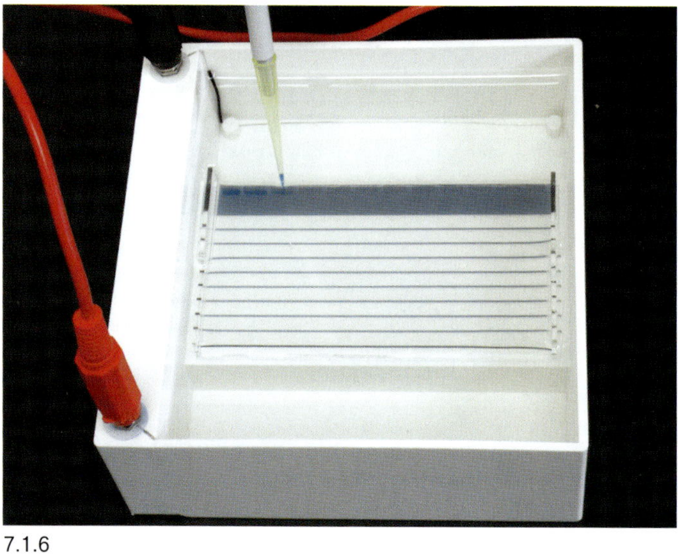

7.1.6

7.1.6 アガロースゲル電気泳動槽

DNA や RNA を電気泳動法によりサイズごとに分離するための装置．槽は泳動バッファーで満たされており，その中に担体となるアガロースゲルが置かれ，ゲルを挟んで陽極と陰極が設置されている．核酸がその電荷にしたがい陽極に向かってアガロースゲルの内部を移動する間に，分子ふるい効果によってサイズの小さいものがより速く移動することによって分離が起こる．

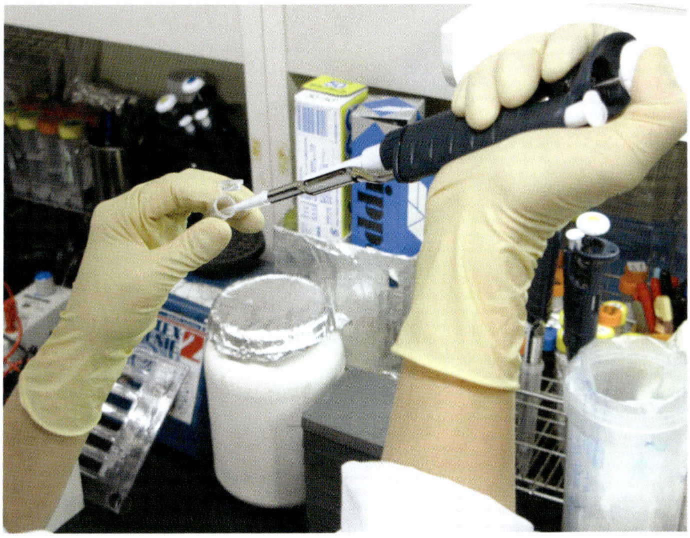
7.1.7

7.1.7 マイクロピペット

マイクロリットル（$\mu\ell$）単位の液量を計りとる器具．手元のボタンを押し下げて，内部のピストンが排出した空気分の液体を吸入する．先端の使い捨てのチップを付け換えることにより，異なる種類の試料の計量を簡便に行うことができる．

7.1.8 大腸菌のコロニー

抗生物質を含有する培地上で生育する大腸菌を選択することで，抗生物質耐性遺伝子をコードするプラスミドを持つ株を得ることができる．この写真では，導入したDNA断片がプラスミドの*lacZ*遺伝子を分断して挿入されている大腸菌は，β-ガラクトシダーゼの活性を持たないため，培地中の基質を分解せず白いコロニーを形成している．

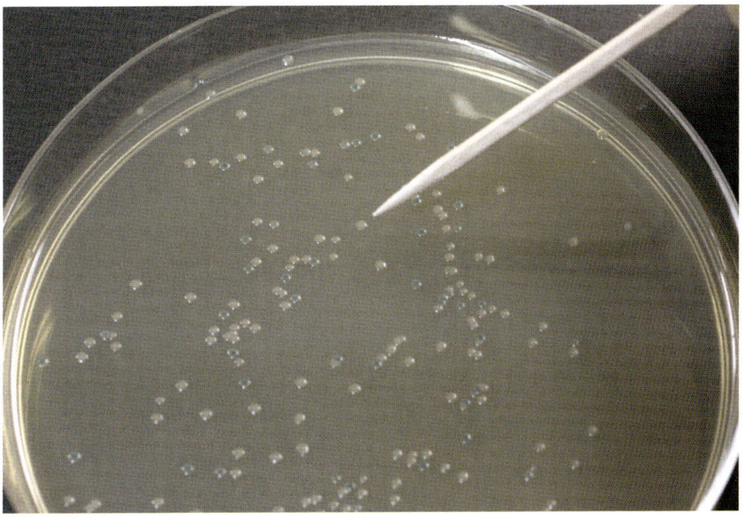
7.1.8

7.1.9

7.1.9 バクテリオファージのプラーク

大腸菌が全面に生育しているプレート中で，バクテリオファージに感染した部分では，大腸菌の溶菌が起こって透明に見える．これをプラークと呼ぶ．

バクテリオファージのDNAをベクターとして，様々なDNA断片を挿入した遺伝子ライブラリーが作製されている．

7.1.10

7.1.10 DNAの塩基配列決定法

この方法はサンガー（6.1.49）が開発したものである．反応させたサンプルをポリアクリルアミドゲルで電気泳動すると，このようにDNAを構成する四つの塩基がはしご状に分離される．下から上へ，はしご状のバンドを順に読み上げると，それがもとのDNA配列になる．

7.1.11 ヒトゲノムプロジェクトとDNAシークエンサー

自動的に，DNA配列を読みとるための装置．DNAは，生物の成長や発生を制御する基本的な分子で，ヒトの場合30億塩基対からなる．この配列がすべて読み解かれることによって，新たな薬の開発や病気の原因の解明に大きく貢献すると考えられている．

7.1.11

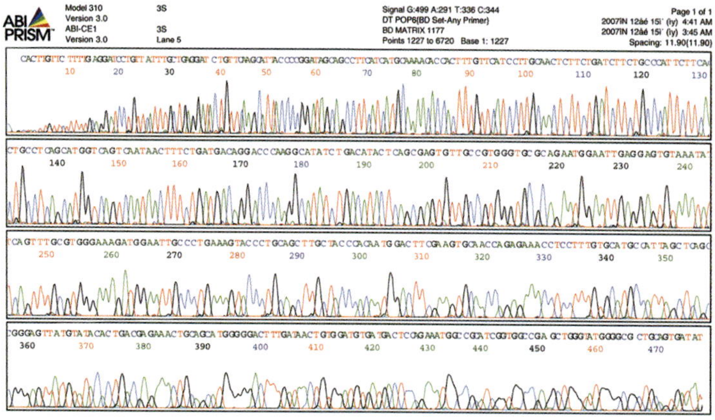

7.1.12

7.1.12 DNAシーケンサーによる塩基配列決定

サンガーが開発したDNA塩基配列決定法をもとに，結果を計算機で自動解析する装置（DNAシーケンサー）が開発されている．DNAシーケンサーの出現によって，生物のあらゆるDNA配列が簡便に解読されるようになり，ゲノム計画にも大きく貢献した．

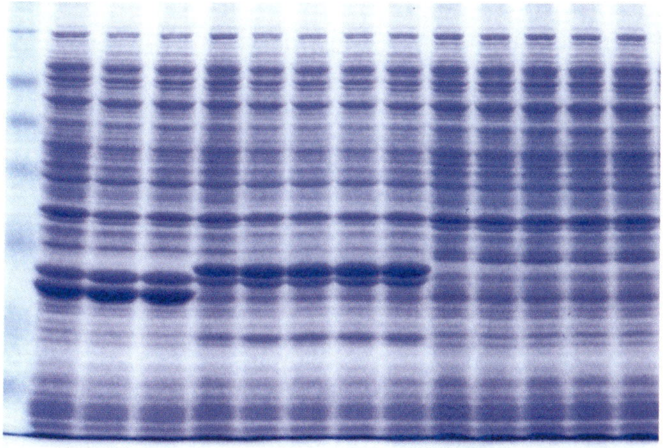

7.1.13

7.1.13 タンパク質の電気泳動（SDS-PAGE）

タンパク質にポリアクリルアミドというゲル状の高分子化学物質中で電場をかけると，電気泳動の原理と分子ふるい効果でタンパク質をより分けることができる．原理はDNAの電気泳動とほぼ同じであるが，タンパク質はそのアミノ酸配列によって全体としての電気的性質が異なる．そのため，この写真のようにタンパク質をSDSという試薬で処理してから電気泳動にかけることが多い．

7.1.14

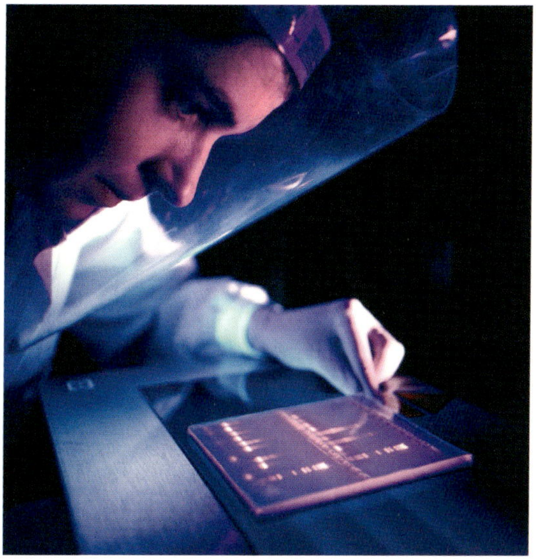

7.1.15

7.1.14 DNAマイクロアレイ

DNAの断片をスライドガラスや基板の上に集積し，そこにサンプルを流し，一本鎖のDNA同士がハイブリダイズする効果を利用して遺伝子の発現や変異を検出する手法．写真は，コンピュータに映し出された拡大画面．スポットの色がそれぞれの遺伝子の発現状態を表していると考えられる．

7.1.15 癌細胞のDNAを調べる研究者

神経芽細胞腫のDNAを調べる研究者．DNAに付着した蛍光色素とともに，ゲル状の物質の中を電気泳動したあとの写真．DNAは負に帯電しているので，電場の中では，陽極に泳動する．ゲルは細かな網の目と考えられるので，DNAの断片サイズによって振り分けられる．紫外線によって，蛍光色素を励起し泳動後の状態を確認する．写真は，神経芽細胞腫でその遺伝子の数が増えていることが頻繁に確認される*N-myc*という遺伝子を調べているところ．

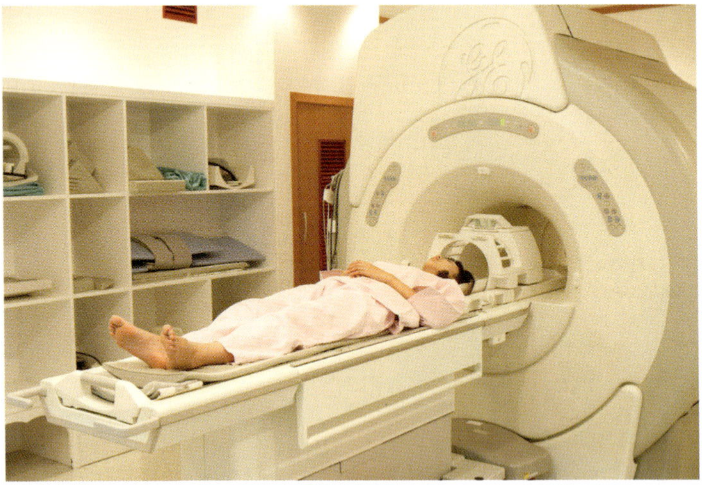

7.1.16

7.1.16 CT スキャナ

CT は，Computed Tomography の略．X 線などの放射線を用いて，連続的に物体の内部を走査する映像を撮影し，コンピューターによって画像を再構築して，3 次元の映像を作ることができる．また，核磁気共鳴現象を利用した MRI もあり，こちらは放射線を利用しないため，被曝の心配がない．

7.1.17 インキュベーターで培養される胚性幹細胞

幹細胞は，様々な組織に分化できる細胞のことで，写真のように培養される．主に増殖因子と呼ばれる物質によって分化を違った方向に誘導することができる．若い胚細胞はすべて幹細胞からできている．また，たとえば骨髄の幹細胞はどのような血球の細胞になることもできる．

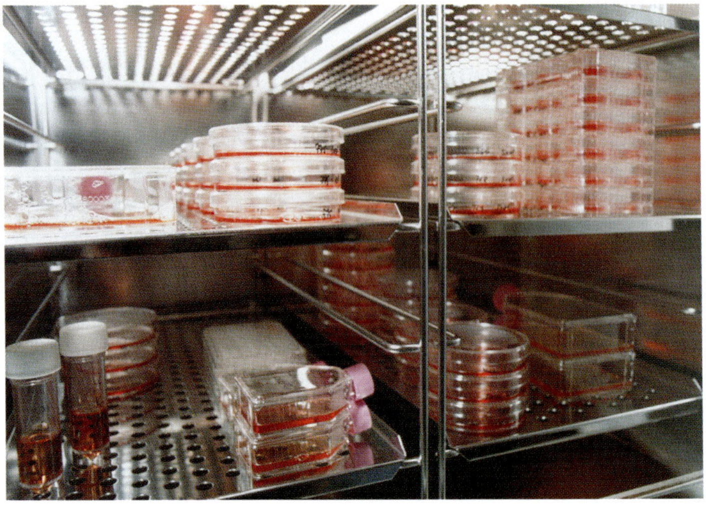

7.1.17

7.1.18

7.1.18 液体窒素の中から取り出される凍結保存された細胞

貯蔵庫の中から，凍結された細胞のサンプルを取り出す科学者．液体窒素の中で細胞は，約－196℃で保存されている．保存液などの条件によるが，数か月から数年の間，細胞の活性を維持したまま保存することができる．

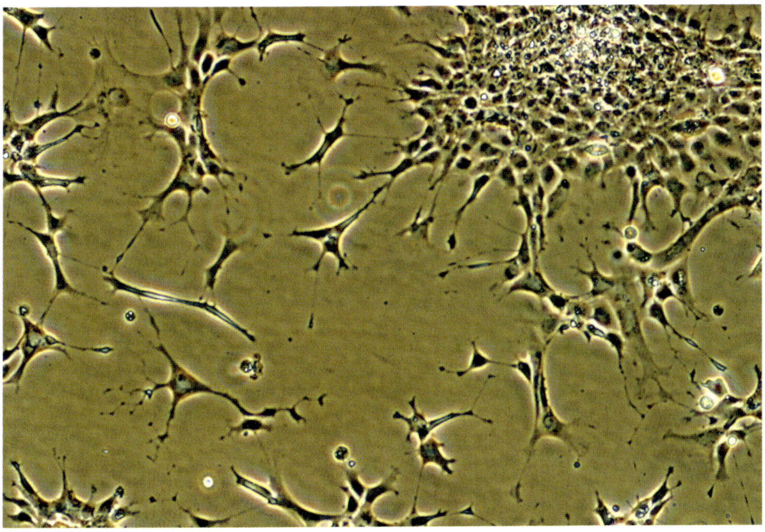

7.1.19

7.1.19 人工的に培養されている細胞

ヒトやマウスの細胞は，生物学の実験に利用するため，試験管で培養されることが多い．特に癌細胞のなかには，試験管の中でも分裂し増殖する能力を失わないものも多く，これらは細胞株として樹立され，世界中の研究施設で互いに交換されたり，専門業者から購入することもできる．こうした細胞の存在が，癌研究に果たす役割は非常に大きい．

7.1.20 胚様体

光学顕微鏡像．

胚様体は，胚性幹細胞の集合体である．胚性幹細胞は様々な種類の細胞に分化する能力を持っている．実験室で人工的に細胞の分化を誘導する場合，この胚様体の形成が幹細胞の分化に重要な意味を持つことが知られている．

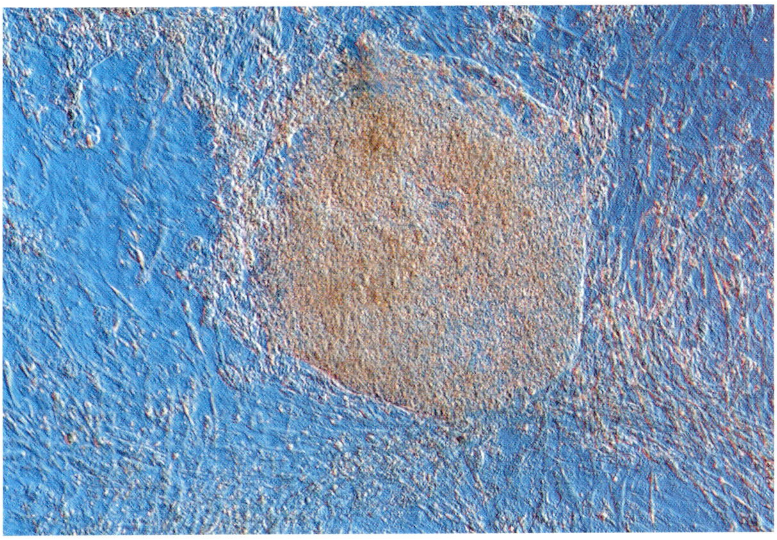

7.1.20

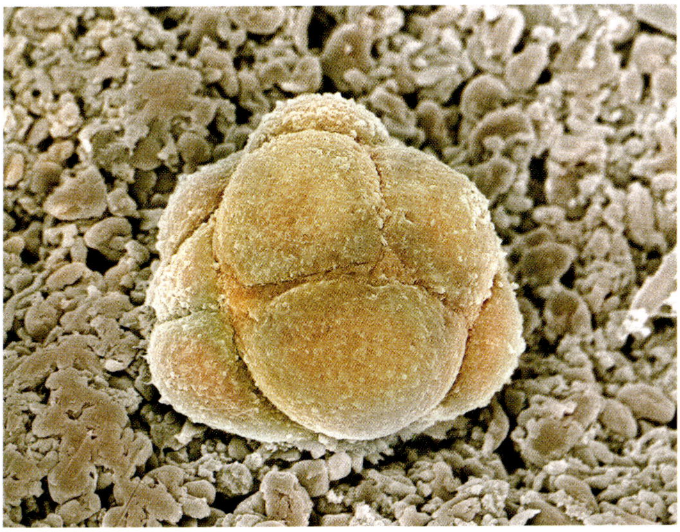

7.1.21

7.1.21 胚性幹細胞の電子顕微鏡写真

走査型電子顕微鏡によるヒト胚性幹細胞の写真を人工的に着色．

ヒト胚性幹細胞は，200 種類もの細胞に分化する能力を持っている．こうした能力は，パーキンソン病やⅠ型糖尿病（インシュリン依存型糖尿病）の治療に役立つと期待されている．また，拒絶反応のない臓器移植への応用も期待される反面，胚を壊して作る必要があるので，その研究や利用には議論の余地もある．

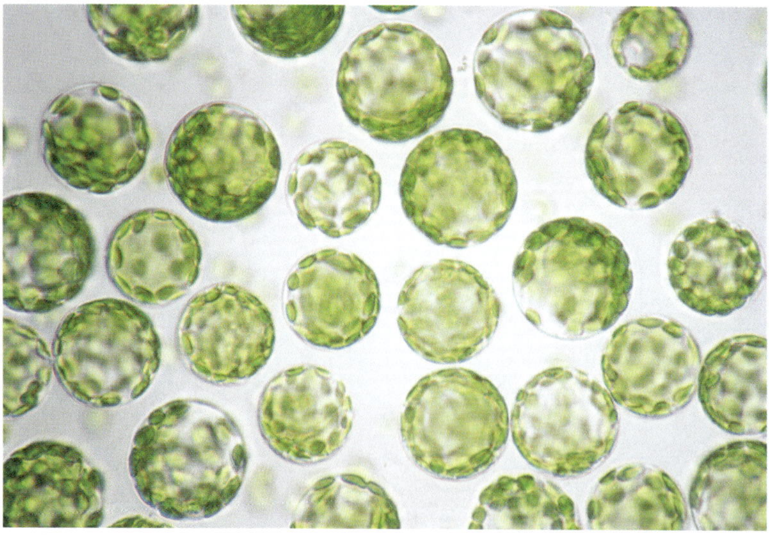

7.1.22

7.1.22 タバコの葉の細胞のプロトプラスト

タバコ（*Nicotiana plumbaginifolia*）の葉から作られたプロトプラストを，葉肉層から光学顕微鏡で観察したもの，約340倍．プロトプラストは，原形質体とも呼ばれ，植物細胞の外部をおおう丈夫な細胞壁を取り除き，細胞膜だけにしたもの．葉肉層は光合成を行う場所で，緑色に見える葉緑体を多く含んでいる．プロトプラストは，とても扱いやすいので，病気に強い植物の作製など遺伝子工学に多く用いられている．

7.1.23 動物実験に利用されるヌードマウス

胸腺が欠損しているマウス．T細胞が成熟していないため，細胞性免疫が存在しない．外来の組織に対して拒絶反応を示さないので，ヒトの組織やがん細胞を移植し，その成長や薬の有効性を確かめる実験によく利用されている．

7.1.23

7.1.24

7.1.24 ウィルマット教授と羊のドリー

イギリスの発生学者であるウィルマット（Ian Wilmut）教授は，1996年世界で初めて，成体の羊の細胞から，そのクローンを作りだした．研究は，スコットランドにあるロスリン研究所で行われた．

まず，スコットランドでは一般的な羊であるスコティッシュブラックフェイスの卵子の細胞から，核を取り除く．次に，6歳の *Finn Dorset* の乳房から取り出した細胞を培養し，核を取り除いた卵子の細胞に導入した．電気的な刺激を与えることで，乳房の細胞と卵子の細胞質を融合させ，代理母となる羊の子宮の中で胎児へ成長するようにした．ドリーは，2003年に肺の病気にかかり，安楽死した．はく製がいまもエジンバラ王立博物館に展示されている．

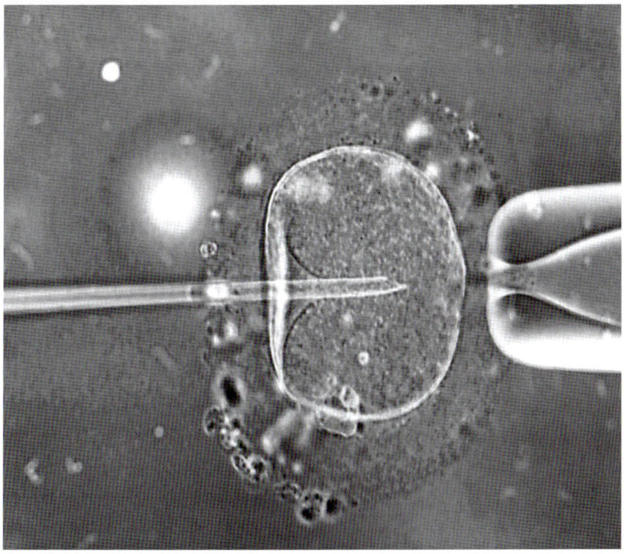

7.1.25

7.1.25 卵細胞質内精子注入法による体外受精

微細な針によって，精子を卵細胞に注入しているところ．こうしてできた受精卵は，胚発生の初期段階まで培養されたあと，子宮に移植される．このような不妊の治療方法は，精子の運動に問題がある場合にも，妊娠を可能にするものである．

7.1.26 情報伝達の滝

細胞の中には，情報伝達を担う多くのシグナル分子があり，これが複雑なネットワークを形成している．細胞の中で，あるシグナル分子の情報が，他の特定のシグナル分子群に伝えられて，その後の機能のON/OFFが連鎖的に発生する様子は，滝の流れに似ていることから，シグナルカスケードという言葉が使われることがある．

7.1.26

参考文献

リン・マルグリス，カーリーン・V・シュヴァルツ 著／川島誠一郎，根平邦人 訳（1987）：五つの王国―図説・生物界ガイド，日経サイエンス社.

Heller H, Schaefer M and Schulten K（1993）：Molecular dynamics simulation of a bilayer of 200 lipids in the gel and in the liquid crystal-phases. *Journal of Physical Chemistry,* 97：8343–8360.

Koradi R, Billeter M and Wüthrich K.（1996）：MOLMOL: a program for display and analysis of macromolecular structures. *Journal of Molecular Graphics,* 14：29–32.

掲載写真一覧

◇第1章　系統・分類◇

1.1　モネラ界

1.1.1　乳酸桿菌の一種／1.1.2　肺炎球菌／1.1.3　ボレリア菌／1.1.4　ユレモの一種／1.1.5　ネンジュモの一種／1.1.6　ナットウ菌／1.1.7　放線菌の一種／1.1.8　インゲン豆の根にできた根粒／1.1.9　緑膿菌／1.1.10　黄色ブドウ球菌／1.1.11　大腸菌／1.1.12　ストロマトライト

1.2　原生生物界

1.2.1　オオアメーバ／1.2.2　キイロタマホコリカビ／1.2.3　ミカヅキモの一種／1.2.4　アオミドロの一種／1.2.5　ダルス／1.2.6　ゾウリムシ／1.2.7　ツムミドリムシ／1.2.8　太陽虫の一種／1.2.9　ヤコウチュウの一種／1.2.10　有孔虫の一種／1.2.11　クラミドモナス（コナミドリムシ）の一種／1.2.12　ボルボックス（オオヒゲマワリ）／1.2.13　カラフトコンブ／1.2.14　ツキヌキモジホコリカビ／1.1.15　マラリア原虫の一種／1.2.16　ハネケイソウの一種

1.3　菌界

1.3.1　サビ病菌の一種／1.3.2　アミガサタケ／1.3.3　ベニテングタケ／1.3.4　出芽酵母／1.3.5　コウジカビの一種／1.3.6　青カビの一種／1.3.7　ハナゴケの一種／1.3.8　クモノスカビ

1.4　動物界

1.4.1　尋常カイメンの一種／1.4.2　テマリクラゲ／1.4.3　オワンクラゲ／1.4.4　グリーンヒドラ／1.4.5　ヒモムシの一種／1.4.6　プラナリアの一種／1.4.7　ハリガネムシの一種／1.4.8　線虫の一種／1.4.9　ワムシの一種／1.4.10　コウトウチュウの一種／1.4.11　アオウミウシ／1.4.12　オオシャコガイ／1.4.13　オウムガイ／1.4.14　コブシメ／1.4.15　ガンビエハマダラカ／1.4.16　キイロショウジョウバエ／1.4.17　カイコガの幼虫／1.4.18　ダイオウサソリ／1.4.19　オオミジンコ／1.4.20　オオムカデの一種／1.4.21　カギムシの一種／1.4.22　オウシュウツリミミズの一種／1.4.23　リヒテルスチョウメイムシ／1.4.24　ホウキムシの一種／1.4.25　オオマリコケムシ／1.4.26　シャミセンガイの一種／1.4.27　ヒメギボシムシ／1.4.28　ナメクジウオ／1.4.29　マボヤ／1.4.30　ゼブラフィッシュ／1.4.31　アフリカツメガエル／1.4.32　ミズカキヤモリ／1.4.33　オオガラパゴスフィンチ／1.4.34　マガモ／1.4.35　カモノハシ／1.4.36　ラット（ドブネズミ）／1.4.37　アカゲザル／1.4.38　パイプウニの一種／1.4.39　リュウキュウウミシダ／1.4.40　ジャノメナマコ／1.4.41　クモヒトデの一種／1.4.42　アカヒトデ／1.4.43　チューブワーム

1.5　植物界

1.5.1　ウマスギゴケ／1.5.2　タイワンアオネカズラ／1.5.3　トクサ／1.5.4　ソテツ／1.5.5　イチョウ／1.5.6　スギ／1.5.7　トマト／1.5.8　ダイズ／1.5.9　タバコの一種／1.5.10　シロイヌナズナ／1.5.11　ミヤコグサ／1.5.12　トウモロコシ／1.5.13　イネ

1.6　ウイルス

1.6.1　大腸菌を攻撃するT4バクテリオファージ／1.6.2　タバコモザイクウイルス／1.6.3　SARSコロナウイルス／1.6.4　A型肝炎ウイルス／1.6.5　ノロウイルス／1.6.6　トリインフルエンザウイルス／1.6.7　エボラウイルス／1.6.8　ヒト免疫不全ウイルス

◇第 2 章　分子◇

2.1　DNA

2.1.1　DNA の分子モデル／ 2.1.2　DNA ／ 2.1.3・2.1.4　DNA の A–T 塩基対と G–C 塩基対のモデル／ 2.1.5　大腸菌のプラスミド／ 2.1.6　ヒト女性の染色体セット／ 2.1.7　ヌクレオソーム／ 2.1.8　ヒト染色体／ 2.1.9　ショウジョウバエの唾液腺染色体／ 2.1.10　DNA 複製時における複製バブルの形成／ 2.1.11　DNA の複製フォーク／ 2.1.12　大腸菌における遺伝子の転写と翻訳

2.2　タンパク質

2.2.1　プラスミド DNA と酵素／ 2.2.2　アミノ酸（アラニン）の D 体と L 体／ 2.2.3　キモトリプシン／ 2.2.4　ATP 合成酵素／ 2.2.5　アクチン／ 2.2.6　チューブリン／ 2.2.7　インスリン／ 2.2.8　コラーゲン繊維の三重らせん構造／ 2.2.9　ベータアミロイドタンパク質（Aβ42）／ 2.2.10　SNARE タンパク質／ 2.2.11　アミラーゼ

2.3　その他

2.3.1　トランスファー RNA ／ 2.3.2　リボザイム／ 2.3.3　ATP ／ 2.3.4　cAMP ／ 2.3.5　アセチル CoA　／ 2.3.6　リン脂質／ 2.3.7　コレステロール／ 2.3.8　クロロフィル *a*

◇第 3 章　細胞◇

3.1　構造

3.1.1　Hela 細胞 a ／ 3.1.2　HeLa 細胞 b ／ 3.1.3　上皮細胞／ 3.1.4　培養細胞／ 3.1.5　アクチン繊維とミオシン繊維／ 3.1.6　核／ 3.1.7　核膜／ 3.1.8　核と細胞質／ 3.1.9　ミトコンドリア a ／ 3.1.10　ミトコンドリア b ／ 3.1.11　ミトコンドリア c ／ 3.1.12　葉緑体／ 3.1.13　小胞体／ 3.1.14　粗面小胞体／ 3.1.15　ゴルジ装置／ 3.1.16　細胞膜 a ／ 3.1.17　細胞膜 b ／ 3.1.18　動物細胞膜構造（模式図）／ 3.1.19　コラーゲン繊維／ 3.1.20　上皮細胞接着複合体／ 3.1.21　デスモソーム／ 3.1.22　精子細胞の尾部／ 3.1.23　アクチン（模式図）／ 3.1.24　アクチンタンパク質（模式図）／ 3.1.25　繊毛 a ／ 3.1.26　繊毛 b ／ 3.1.27　繊毛 c

3.2　機能

3.2.1　ツリガネスイセンの有糸分裂／ 3.2.2　有糸分裂 a ／ 3.2.3　有糸分裂 b ／ 3.2.4　有糸分裂 c ／ 3.2.5　有糸分裂 d ／ 3.2.6　有糸分裂 e ／ 3.2.7　有糸分裂 f ／ 3.2.8　ツメガエルの有糸分裂

◇第 4 章　動物◇

4.1　器官

4.1.1　ヒトの視神経／ 4.1.2　ヒトの脳 a ／ 4.1.3　ヒトの脳 b ／ 4.1.4　ヒトの胸部／ 4.1.5　ヒトの心臓 a ／ 4.1.6　ヒトの心臓 b ／ 4.1.7　ヒトの上腹部臓器／ 4.1.8　ヒトの腹部臓器／ 4.1.9　ヒトの腎臓／ 4.1.10　ヒトの腸管／ 4.1.11　ヒトの腹部から下肢／ 4.1.12　ヒトの腹部大動脈とその分枝／ 4.1.13　ウシガエル／ 4.1.14　マウス

4.2　組織

4.2.1　横紋筋／ 4.2.2　筋繊維／ 4.2.3　心筋／ 4.2.4　神経筋接合部／ 4.2.5　神経終末／ 4.2.6　神経細胞（ニューロン）／ 4.2.7　稀突起神経膠細胞（オリゴデンドロサイト）／ 4.2.8　小脳プルキンエ細胞 a ／ 4.2.9　小脳プルキンエ細胞 b ／ 4.2.10　網膜の神経細胞／ 4.2.11　ヒト胎児の眼／ 4.2.12　ヒト胎児の軟骨／ 4.2.13　ヒトの血液細胞／ 4.2.14　ヒトの赤血球／ 4.2.15　ヒトの肥満細胞／ 4.2.16　ヒトの脂肪細胞／ 4.2.17　ヒトの小腸絨毛

4.3　生殖

4.3.1　ヒトの卵と精子 a ／ 4.3.2　ヒトの卵と精子 b ／ 4.3.3　ヒト胚（二細胞期）／ 4.3.4　ヒト胚（桑実胚）／ 4.3.5　ヒト胚（44 日胚）／ 4.3.6　受精直後から二細胞期／ 4.3.7　卵割／ 4.3.8　桑実胚から原腸胚期／ 4.3.9　原腸陥入／ 4.3.10　神経管形成／ 4.3.11　神経胚から幼生期／ 4.3.12　ニワトリ（5 日胚）／ 4.3.13　ニワトリ（10 日胚）／ 4.3.14　ゾウリムシ属の接合

◇第５章　植物◇

5.1　器官

5.1.1　エンドウの種子 a ／ 5.1.2　エンドウの種子 b ／ 5.1.3　エンドウの発芽 a ／ 5.1.4　エンドウの発芽 b ／ 5.1.5　エンドウの発芽 c ／ 5.1.6　エンドウの実生／ 5.1.7　エンドウの花／ 5.1.8　エンドウの鞘／ 5.1.9　リュウキンカの花の一部／ 5.1.10　シロイヌナズナの花／ 5.1.11　ユリの花の生殖器官／ 5.1.12　マツの種子

5.2　組織

5.2.1　細胞内小器官／ 5.2.2　植物細胞 a ／ 5.2.3　植物細胞 b ／ 5.2.4　カナダモの葉／ 5.2.5　有糸分裂／ 5.2.6　ホウレンソウの葉／ 5.2.7　クリスマスローズの葉／ 5.2.8　コムギの種子／ 5.2.9　アリストロキアの茎／ 5.2.10　ユリの子房／ 5.2.11　ユリの根端／ 5.2.12　トウモロコシの葉の葉緑体／ 5.2.13　トウモロコシのエチオプラスト／ 5.2.14　タマネギのアミロプラスト／ 5.2.15　タバコの葉の気孔／ 5.2.16　タバコの組織培養

5.3　生殖

5.3.1　ヒヤシンスの栄養生殖／ 5.3.2　アオミドロの接合／ 5.3.3　シダ植物の胞子嚢群／ 5.3.4　シダ植物の前葉体／ 5.3.5　カモミールの花粉／ 5.3.6　アメリカニワトコの花粉／ 5.3.7　ホウセンカの花粉管／ 5.3.8　トルコギキョウの花粉管

5.4　生体の応答

5.4.1　光屈性／ 5.4.2　負の重力屈性

◇第６章　生命科学分野の重要人物◇

6.1.1　ハーヴェイ／ 6.1.2　フック／ 6.1.3　レーウェンフック／ 6.1.4　リンネ／ 6.1.5　ラマルク／ 6.1.6　ブラウン／ 6.1.7　シュワン／ 6.1.8　ダーウィン／ 6.1.9　パスツール／ 6.1.10　ベルナール／ 6.1.11　メンデル／ 6.1.12　コッホ／ 6.1.13　ゴルジ／ 6.1.14　ド・フリース／ 6.1.15　ラントシュタイナー／ 6.1.16　シュペーマン／ 6.1.17　モーガン／ 6.1.18　マラー／ 6.1.19　フリッシュ／ 6.1.20　オパーリン／ 6.1.21　クレブス／ 6.1.22　アベリー／ 6.1.23　ビードル／ 6.1.24　テータム／ 6.1.25　マクリントック／ 6.1.26　ダルベッコ　／ 6.1.27　ハーシー／ 6.1.28　ホジキン／ 6.1.29　ハクスリー／ 6.1.30　ミラー／ 6.1.31　ワトソンとクリック／ 6.1.32　ウィルキンス／ 6.1.33　フランクリン／ 6.1.34　オチョア／ 6.1.35　カルビン／ 6.1.36　サザーランド／ 6.1.37　コーンバーグ／ 6.1.38　メセルソン／ 6.1.39　ジャコブ／ 6.1.40　モノー／ 6.1.41　ルウォフ／ 6.1.42　ニーレンバーグ／ 6.1.43　コラーナ／ 6.1.44　ホリー／ 6.1.45　岡崎令治／ 6.1.46　ボルチモア／ 6.1.47　ブレナー／ 6.1.48　サザン／ 6.1.49　サンガー／ 6.1.50　ギルバート／ 6.1.51　マリス

◇第７章　実験機器・材料◇

7.1.1　マグネッチックスターラー／ 7.1.2　サーマルサイクラー／ 7.1.3　ボルテックスミキサー／ 7.1.4　オートクレーブ／ 7.1.5　遠心機／ 7.1.6　アガロースゲル電気泳動槽／ 7.1.7　マイクロピペット／ 7.1.8　大腸菌のコロニー／ 7.1.9　バクテリオファージのプラーク／ 7.1.10　DNA の塩基配列決定法／ 7.1.11 ヒトゲノムプロジェクトと DNA シークエンサー／ 7.1.12　DNA シーケンサーによる塩基配列決定／ 7.1.13　タンパク質の電気泳動（SDS-PAGE）／ 7.1.14　DNA マイクロアレイ／ 7.1.15　癌細胞の DNA を調べる研究者／ 7.1.16　CT スキャナ／ 7.1.17　インキュベーターで培養される胚性幹細胞／ 7.1.18　液体窒素の中から取り出される凍結保存された細胞／ 7.1.19　人工的に培養されている細胞／ 7.1.20　胚葉体／ 7.1.21　胚性幹細胞の電子顕微鏡写真／ 7.1.22　タバコの葉の細胞のプロトプラスト／ 7.1.23　動物実験に利用されるヌードマウス／ 7.1.24　ウィルマット教授と羊のドリー／ 7.1.25　卵細胞質内精子注入法による体外受精／ 7.1.26　情報伝達の滝

索　引

【生物名・事項】

ア　行

カ　行

サ 行

タ 行

ナ 行

ハ 行

マ 行

ヤ 行

ラ　行

ラット（ドブネズミ）／Rat（*Rattus norvegicus*）　31
卵　90
卵割　90,92
卵細胞　145
卵子　103
リヒテルスチョウメイムシ（*Macrobiotus richtersi*）　27
リボザイム　54
リボソーム　63,105
リュウキュウウミシダ／Feather star（*Oxycomanthus bennetti*）　32
リュウキンカ（*Caltha palustris*）　103
リュウノヒゲモ　105
緑藻植物門　3,14
緑膿菌（*Pseudomonas aeruginosa*）　9
鱗茎　111
輪形動物門　5,22
リン脂質　55
類線形動物門　5,22

ワ　行

ワムシ／Rotifer　22
腕足動物門　5,28

【人名】

ア　行

アベリー　Avery, Oswald Theodore　116,125
ウィルマット　Wilmut, Ian　117,144
ウィルキンス　Wilkins, Maurice Hugh Frederick　117,128
岡崎令治　117,132
オチョア　Ochoa, de Albornoz, Severo　117,129
オパーリン　Oparin, Alexandr Ivanovich　116,124

カ　行

カルビン　Calvin, Melvin　117,129
ギルバート　Gilbert, Walter　117,134
クリック　Crick, Francis Harry Compton　117,128
クレブス　Sir Krebs, Hans Adolf　116,124
コッホ　Koch, Heinrich Hermann Robert　116,121
コラーナ　Khorana, Har Gobind　117,132
ゴルジ　Golgi, Camillo　116,122
コーンバーグ　Kornberg, Arthur　117,130

サ　行

サザーランド　Sutherland, Earl Wilbur, Jr　117,129
サザン　Sir Southern, Edwin Mellor　117,133
サンガー　Sanger, Frederick　117,134,140
ジャコブ　Jacob, François　117,130
シュペーマン　Spemann, Hans　116,123
シュワン　Schwann, Theodor　116,120

タ　行・ナ　行

ダーウィン　Darwin, Charles Robert　116,120
ダルベッコ　Dulbecco, Renato　117,126
テータム　Tatum, Edward Lawrie　116,125
ド・フリース　de Vries, Hugo Marie　116,122
ニーレンバーグ　Nirenberg, Marshall Warren　117,131

ハ　行

ハーヴェイ　Harvey, William　116,118
ハクスリー　Sir Huxley, Andrew Fielding　117,127
ハーシー　Hershey, Alfred Day　117,126
パスツール　Pasteur, Louis　116,120
ビードル　Beadle, George Wells　116,125
フック　Hooke, Robert　116,118
ブラウン　Brown, Robert　116,119
フランクリン　Franklin, Rosalind Elsie　117,128
フリッシュ　Frisch, Karl von　116,124
ブレナー　Brenner, Sydney　117,133
ベルナール　Bernard, Claude　116,121
ホジキン　Hodgkin, Alan Lloyd　117,127
ホリー　Holley, Robert William　117,132
ボルチモア　Baltimore, David　117,133

マ　行

マクリントック　McClintock, Barbara　117,126
マラー　Muller, Hermann Joseph　116,123
マリス　Mullis, Kary Banks　117,134
ミラー　Miller, Stanley Lloyd　117,127
メセルソン　Meselson, Matthew Stanley　117,130
メンデル　Mendel, Gregor Johann　116,121
モーガン　Morgan, Thomas Hunt　116,123
モノー　Monod, Jacques Lucien　117,130

ラ　行・ワ　行

ラマルク　Lamarck, Jean-Baptiste Pierre Antoine de Monet, Chevalier de　116,119
ラントシュタイナー　Landsteiner, Karl　116,122
リンネ　Linné, Carl von　116,119
ルウォフ　Lwoff, André Michel　117,131
レーウェンフック　Leeuwenhoek, Anton van　116,118
ワトソン　Watson, James Dewey　117,128

編者・執筆者・協力者一覧

【編者】

東京大学生命科学構造化センター

【執筆者】

石浦章一（いしうら・しょういち）
東京大学大学院総合文化研究科生命環境科学系教授・生命科学構造化センター長

柴崎芳一（しばさき・よしかず）
東京大学大学院総合文化研究科生命科学構造化センター　特任教授

笹川　昇（ささがわ・のぼる）
東京大学大学院総合文化研究科生命科学構造化センター　特任准教授

高橋秀治（たかはし・しゅうじ）
東京大学大学院総合文化研究科生命科学構造化センター　特任准教授

伊藤弓弦（いとう・ゆずる）
東京大学大学院総合文化研究科生命科学構造化センター　特任助教

大間陽子（おおま・ようこ）
東京大学大学院総合文化研究科生命科学構造化センター　特任助教

関根康介（せきね・こうすけ）
東京大学大学院総合文化研究科生命科学構造化センター　特任助教

柳元伸太郎（やなぎもと・しんたろう）
東京大学大学院総合文化研究科生命科学構造化センター　特任助教

小沼泰子（おぬま・やすこ）
東京大学生命科学教育支援ネットワーク　特任助教

辻　真吾（つじ・しんご）
東京大学生命科学教育支援ネットワーク　特任助教

【協力・資料提供（敬称略）】

CT 撮影（4.1.13）
鯉江　洋（日本大学生物資源科学部）

写真提供
PPS 通信社（Science Photo Library, Photo Researchers, Alamy, AKG, Bruce Coleman, Mary Evans, Granger, AGE, Superstock, Heritage Images, Rex Features）
岡崎恒子（藤田保健衛生大学総合医科学研究所）
鳥飼絵里（ナショナルバイオリリースプロジェクト）

付属 CD-ROM 推奨環境について

【CPU】Pentium III または同級以上のプロセッサ
【OS】Windows 2000, XP, Vista, Server2003 ／ MacOS 9.2 以上 , OSX 10.1 以上
【メモリ】256 MB 以上
【WEB ブラウザ】Internet Explore 6.0 以降（Win）／ Internet Explore 5.1 以降（Mac OS 9.2）／ Safari, FireFox
【その他】1024x768 ピクセル以上の画面解像度，1670 万色以上表示可能なディスプレイ／ CD-ROM ドライブ／キーボード／マウス

写真でみる生命科学
Overview of Life Science

2008 年 8 月 26 日　初版

［検印廃止］

編　者　東京大学生命科学構造化センター
発行所　財団法人　東京大学出版会
　　　　代 表 者　岡本和夫
　　　　113-8654 東京都文京区本郷 7-3-1
　　　　電話 03-3811-8814　FAX 03-3812-6958
　　　　振替 00160-6-59964
印刷所　三美印刷株式会社
製本所　牧製本印刷株式会社

ISBN978-4-13-066159-1 Printed in Japan